JN087848

教科書ガイド

東京書籍 版

数学B

Advanced

TEXT

BOOK

GUIDE

あすとろ出版

目　次

3章　数学と社会生活

巻末

探究・活用

はじめに

　本書は，東京書籍版教科書「数学 B Advanced」の内容を完全に理解し，予習や復習を能率的に進められるように編集した自習書です。

　数学の力をもっと身に付けたいと思っているにも関わらず，どうも数学は苦手だとか，授業が難しいと感じているみなさんの予習や復習などのほか，家庭学習に役立てることができるよう編集してあります。

　数学の学習は，レンガを積むのと同じです。基礎から一段ずつ積み上げて，理解していくものです。ですから，最初は本書を閉じて，自分自身で問題を考えてみましょう。そして，本書を参考にして改めて考えてみたり，結果が正しいかどうかを確かめたりしましょう。解答を丸写しにするのでは，決して実力はつきません。

　本書は，自学自習ができるように，次のような構成になっています。
① **用語のまとめ**　　学習項目ごとに，教科書の重要な用語をまとめ，学習の要点が分かるようになっています。
② **解き方のポイント**　　内容ごとに，教科書の重要な定理・公式・解き方をまとめ，問題に即して解き方がまとめられるようになっています。
③ **考え方**　　解法の手がかりとなる着眼点を示してあります。独力で問題が解けなかったときに，これを参考にしてもう一度取り組んでみましょう。
④ **解答**　　詳しい解答を示してあります。最後の答えだけを見るのではなく，解答の筋道をしっかり理解するように努めましょう。
⑤ **別解・参考・注意**　　必要に応じて，別解や参考となる事柄，注意点を解説しています。
⑥ **プラス＋**　　やや進んだ考え方や解き方のテクニック，ヒントを掲載しています。

　数学を理解するには，本を読んで覚えるだけでは不十分です。自分でよく考え，計算をしたり問題を解いたりしてみることが大切です。
　本書を十分に活用して，数学の基礎力をしっかり身に付けてください。

1章 数列

1章

1節 数列
2節 漸化式と数学的帰納法

関連する既習内容

指数法則
- m, n が正の整数のとき
$$a^m a^n = a^{m+n}, \quad (a^m)^n = a^{mn}, \quad (ab)^n = a^n b^n$$

1節 数列

1 数列

用語のまとめ

数列

- 数を1列に並べたものを **数列** といい，数列の各数を **項** という。
- 数列を一般的に表すには，1つの文字に項の番号を添えて

$$a_1, \ a_2, \ a_3, \ \cdots, \ a_n, \ \cdots$$

のように書く。そして，それぞれこの数列の **初項**（第1項），第2項，第3項，…といい，n 番目の項 a_n を **第 n 項** という。

また，この数列を簡単に $\{a_n\}$ とも書き表す。

一般項

- 数列 $\{a_n\}$ において，a_n が n の式で表されるとき，数列のすべての項が求められる。この a_n を数列 $\{a_n\}$ の **一般項** という。

有限数列と無限数列

- 項の個数が有限である数列を **有限数列** といい，項の個数が有限でない数列を **無限数列** という。
- 有限数列では，項の個数を **項数**，最後の項を **末項** という。

教 p.6

問1 第 n 項が次のように表される数列の初項から第5項までを求めよ。

(1) $a_n = 2n - 3$ (2) $a_n = \dfrac{1}{2n+1}$ (3) $a_n = (-1)^n$

考え方 第 n 項の式に $n = 1, \ 2, \ 3, \ 4, \ 5$ を代入する。

解答 (1) $\quad a_1 = 2 \cdot 1 - 3 = 2 - 3 = -1 \qquad a_2 = 2 \cdot 2 - 3 = 4 - 3 = 1$

$a_3 = 2 \cdot 3 - 3 = 6 - 3 = 3 \qquad a_4 = 2 \cdot 4 - 3 = 8 - 3 = 5$

$a_5 = 2 \cdot 5 - 3 = 10 - 3 = 7$

よって，初項から第5項までは $\quad -1, \ 1, \ 3, \ 5, \ 7$

(2) $\quad a_1 = \dfrac{1}{2 \cdot 1 + 1} = \dfrac{1}{2+1} = \dfrac{1}{3} \qquad a_2 = \dfrac{1}{2 \cdot 2 + 1} = \dfrac{1}{4+1} = \dfrac{1}{5}$

$a_3 = \dfrac{1}{2 \cdot 3 + 1} = \dfrac{1}{6+1} = \dfrac{1}{7} \qquad a_4 = \dfrac{1}{2 \cdot 4 + 1} = \dfrac{1}{8+1} = \dfrac{1}{9}$

$a_5 = \dfrac{1}{2 \cdot 5 + 1} = \dfrac{1}{10+1} = \dfrac{1}{11}$

よって，初項から第5項までは $\quad \dfrac{1}{3}, \ \dfrac{1}{5}, \ \dfrac{1}{7}, \ \dfrac{1}{9}, \ \dfrac{1}{11}$

1章

数列

(3) $a_1 = (-1)^1 = -1$ $a_2 = (-1)^2 = 1$ $a_3 = (-1)^3 = -1$

     $a_4 = (-1)^4 = 1$ $a_5 = (-1)^5 = -1$

よって，初項から第5項までは $-1,\ 1,\ -1,\ 1,\ -1$

教 p.7

問2 次の数列 $\{a_n\}$ の一般項を推測せよ。

(1) $1,\ 8,\ 27,\ 64,\ 125,\ \cdots$

(2) $\dfrac{1}{3},\ \dfrac{2}{5},\ \dfrac{3}{7},\ \dfrac{4}{9},\ \dfrac{5}{11},\ \cdots$

(3) $2,\ -4,\ 8,\ -16,\ 32,\ \cdots$

考え方 数列の項が項の番号の増加にともなってどう変わっていくかを調べる。

(3) まず，各項の符号を除いた数列を考え，次に，n が奇数のとき1，n が偶数のとき -1 となる式を考える。

解答 (1) $1 = 1^3,\ 8 = 2^3,\ 27 = 3^3,\ 64 = 4^3,\ 125 = 5^3,\ \cdots$であるから，この数列 $\{a_n\}$ の一般項は

$$a_n = n^3$$

であると推測できる。

(2) 分母は 3, 5, 7, 9, 11, …となり，第 n 項は $2n+1$ である。

分子は 1, 2, 3, 4, 5, …となり，第 n 項は n である。

したがって，もとの数列 $\{a_n\}$ の一般項は

$$a_n = \frac{n}{2n+1}$$

であると推測できる。

(3) 数列 $\{a_n\}$ の各項の符号を除いて考えると 2, 4, 8, 16, 32, …となり，この数列の第 n 項は 2^n である。

また，$-(-1)^n$ は

     n が奇数のとき   1

     n が偶数のとき -1

であるから，もとの数列 $\{a_n\}$ の一般項は

$$a_n = -(-1)^n \times 2^n = -(-2)^n$$

であると推測できる。

2 | 等差数列

用語のまとめ

等差数列

● 初項 a から始めて，一定の数 d を次々に加えて得られる数列を **等差数列** といい，d をその等差数列の **公差** という。

教 p.8

問3 次の等差数列の初項から第5項までを求めよ。

(1) 初項5，公差8　　　　　　　(2) 初項9，公差 -4

考え方 公差 d の等差数列において，$a_{n+1} = a_n + d$ である。

解答 (1) 初項は　5　　　　　　第2項は　$5 + 8 = 13$

第3項は　$13 + 8 = 21$　　　　第4項は　$21 + 8 = 29$

第5項は　$29 + 8 = 37$

よって，初項から第5項までは　5，13，21，29，37

(2) 初項は　9　　　　　　第2項は　$9 + (-4) = 5$

第3項は　$5 + (-4) = 1$　　　　第4項は　$1 + (-4) = -3$

第5項は　$-3 + (-4) = -7$

よって，初項から第5項までは　9，5，1，-3，-7

● **等差数列の一般項** ·· **解き方のポイント**

初項 a，公差 d の等差数列 $\{a_n\}$ の一般項は

$$a_n = a + (n-1)d$$

教 p.9

問4 次の等差数列 $\{a_n\}$ の一般項を求めよ。また，第25項を求めよ。

(1) 初項4，公差 -3　　　　　(2) 初項7，公差 $\dfrac{1}{2}$

考え方 初項 a，公差 d の等差数列の一般項 a_n は $a_n = a + (n-1)d$ で求められる。また，第25項は，一般項の n の式に $n = 25$ を代入して計算する。

解答 (1) 一般項は　　　　　　$a_n = 4 + (n-1) \cdot (-3)$

$$= -3n + 7$$

また，第25項は　$a_{25} = -3 \cdot 25 + 7 = -68$

(2) 一般項は $\quad a_n = 7 + (n-1) \cdot \dfrac{1}{2} = \dfrac{1}{2}n + \dfrac{13}{2}$

また，第25項は $\quad a_{25} = \dfrac{1}{2} \cdot 25 + \dfrac{13}{2} = 19$

教 p.9

問5 次の等差数列 $\{a_n\}$ の □ にあてはまる数を求めよ。また，一般項を求めよ。

(1) □ ，30，37，… (2) 2，□ ，-4，-7，…

考え方 等差数列において，差 $a_{n+1} - a_n$ は d で一定である。

初項 a と公差 d が分かれば，一般項 $a_n = a + (n-1)d$ を用いる。

解答 (1) 公差を d とおくと $\quad d = 37 - 30 = 7$

よって，□ にあてはまる数は $\quad 30 - 7 = 23$

また，一般項は $\quad a_n = 23 + (n-1) \cdot 7 = 7n + 16$

(2) 公差を d とおくと $\quad d = -7 - (-4) = -3$

よって，□ にあてはまる数は $\quad 2 + (-3) = -1$

また，一般項は $\quad a_n = 2 + (n-1) \cdot (-3) = -3n + 5$

教 p.10

問6 第3項が -6，第10項が29である等差数列 $\{a_n\}$ の一般項を求めよ。

考え方 初項を a，公差を d とおいて，与えられた項を a と d の式で表す。

これらを a と d についての連立方程式として解き，a と d の値を求める。

解答 初項を a，公差を d とおくと

第3項が -6 であるから $\quad a + 2d = -6$

第10項が29であるから $\quad a + 9d = 29$

これらを連立させて解くと $\quad$ ※

$\quad a = -16, \quad d = 5$

すなわち，初項は -16，公差は5である。

したがって，一般項は

$\quad a_n = -16 + (n-1) \cdot 5 = 5n - 21$

※
$$\begin{array}{r} a + 2d = -6 \quad \cdots\cdots ① \\ -)\ a + 9d = 29 \\ \hline -7d = -35 \\ d = 5 \end{array}$$
$d = 5$ を ① に代入して
$\quad a + 2 \cdot 5 = -6$
$\quad a = -16$

教 p.10

問7 数列 $\{a_n\}$ において，$a_n = 3n - 4$ ならば，この数列は等差数列であることを示し，初項と公差を求めよ。

考え方 数列 $\{a_n\}$ が等差数列であることを示すには，隣り合う2項の差 $a_{n+1} - a_n$ が一定であることを示せばよい。この値が公差である。

解答 数列 $\{a_n\}$ において，$a_n = 3n - 4$ ならば

$$a_{n+1} - a_n = \{3(n+1) - 4\} - (3n - 4) = 3$$

より，差 $a_{n+1} - a_n$ が一定であるから，数列 $\{a_n\}$ は等差数列である。

また $a_1 = 3 \cdot 1 - 4 = -1$

したがって，等差数列 $\{a_n\}$ の **初項は** -1，**公差は** 3 である。

教 p.10

問8　3つの数 a，b，c について，次のことが成り立つことを証明せよ。

$$a,\ b,\ c \text{ がこの順に等差数列となる} \iff 2b = a + c$$

考え方 等差数列では，ある項から直前の項を引いた差は一定であり，その差が公差である。逆に，ある項から直前の項を引いた差が一定である数列は等差数列である。

証明 ($\Longrightarrow$ の証明)

a，b，c がこの順に等差数列となるから，$b - a$ と $c - b$ は等しい。

よって $b - a = c - b$

すなわち $2b = a + c$

($\Longleftarrow$ の証明)

$2b = a + c$ より，この式を変形して $b - a = c - b$

$b - a$ と $c - b$ が等しいから，a，b，c はこの順に等差数列となる。

 プラス+　$2b = a + c$ の b を **等差中項** という。

$$b = \frac{a + c}{2}$$

● 等差数列の和 ………………………………………　**解き方のポイント**

初項 a，公差 d，項数 n，末項 l の等差数列の和を S_n とすると

$$S_n = \frac{1}{2}n(a + l) = \frac{1}{2}n\{2a + (n-1)d\}$$

教 p.12

問9　次の等差数列の和を求めよ。

 (1)　初項 7，末項 61，項数 10 (2)　初項 -10，公差 4，項数 6

考え方 次のようなとき，等差数列の和の公式のどちらが利用できるかを考える。

 (1)　末項が分かっている。 (2)　公差が分かっている。

1章

数列

解答 (1) 初項 7, 末項 61, 項数 10 の等差数列の和を S_{10} とすると

$$S_{10} = \frac{1}{2} \cdot 10 \cdot (7 + 61) = \frac{1}{2} \cdot 10 \cdot 68 = 340$$

(2) 初項 -10, 公差 4, 項数 6 の等差数列の和を S_6 とすると

$$S_6 = \frac{1}{2} \cdot 6 \cdot \{2 \cdot (-10) + (6-1) \cdot 4\} = \frac{1}{2} \cdot 6 \cdot 0 = 0$$

教 p.12

問10 次の等差数列の和を求めよ。

(1) 初項 5, 公差 3, 末項 53   (2) 公差 -3, 末項 4, 項数 10

考え方 (1) は項数, (2) は初項が分かればよい。

(1) 末項 $l = a + (n-1)d$ であることから, 項数 n を求める。

(2) 項数が 10 であることから, 末項は第 10 項である。

解答 (1) 項数を n とすると, 末項 53 が第 n 項であるから

$$53 = 5 + 3(n-1)$$

よって, $n = 17$ となり, 項数は 17 である。

ゆえに, 求める和は

$$\frac{1}{2} \cdot 17 \cdot (5 + 53) = \frac{1}{2} \cdot 17 \cdot 58 = 493$$

(2) 初項を a とすると, 末項 4 は第 10 項であるから

$$4 = a + (10-1) \cdot (-3)$$

よって, $a = 31$ となり, 初項は 31 である。

ゆえに, 求める和は

$$\frac{1}{2} \cdot 10 \cdot (31 + 4) = \frac{1}{2} \cdot 10 \cdot 35 = 175$$

教 p.12

問11 初項 21, 公差 -3 の等差数列において, 初項から第何項までの和が 75 になるかを求めよ。

考え方 第 n 項までの和が 75 になるとして, 等差数列の和の公式から n についての方程式をつくる。

解答 初項から第 n 項までの和 S_n が 75 になるとすると

$$S_n = \frac{1}{2} n \{2 \cdot 21 + (n-1) \cdot (-3)\} = 75$$

$$\left. \begin{array}{l} \frac{1}{2} n(-3n + 45) = 75 \\ n(-n + 15) = 50 \end{array} \right.$$

ゆえに $n^2 - 15n + 50 = 0$

$$(n-5)(n-10) = 0$$

これを解いて $n = 5, 10$

よって, 初項から第 5 項, 第 10 項までの和 が, それぞれ 75 になる。

● 自然数の数列の和 ……………………………………………… 解き方のポイント

1 から n までの自然数 $1,\ 2,\ 3,\ \cdots,\ n$ の和は,初項 1,末項 n,項数 n の等差数列の和であるから,次の公式が得られる。

$$1+2+3+\cdots+n=\frac{1}{2}n(n+1)$$

教 p.13

問12 上の公式を用いて,次の和を求めよ。
  (1)　1 から 100 までの自然数の和
  (2)　101 から 200 までの自然数の和

考え方　(2)　（101 から 200 までの自然数の和）
    $=$（1 から 200 までの自然数の和）$-$（1 から 100 までの自然数の和）

解答　(1)　1 から 100 までの自然数の和は
$$\frac{1}{2}\cdot100\cdot(100+1)=5050$$

(2)　1 から 200 までの自然数の和は
$$\frac{1}{2}\cdot200\cdot(200+1)=20100$$

(1) より,1 から 100 までの自然数の和は 5050 であるから,101 から 200 までの自然数の和は
$$20100-5050=15050$$

教 p.13

問13 1 から始まる n 個の奇数の和は,次の式で表されることを示せ。
$$1+3+5+\cdots+(2n-1)=n^2$$

考え方　1 から始まる n 個の奇数は,どのような数列であるかを考える。

証明　1 から始まる n 個の奇数の和は,初項 1,末項 $2n-1$,項数 n の等差数列の和である。

したがって,等差数列の和の公式 $S_n=\dfrac{1}{2}n(a+l)$ を用いて
$$\begin{aligned}1+3+5+\cdots+(2n-1)&=\frac{1}{2}n\{1+(2n-1)\}\\&=\frac{1}{2}n\cdot2n\\&=n^2\end{aligned}$$
ゆえに　　$1+3+5+\cdots+(2n-1)=n^2$

教 p.13

問14 2桁の自然数のうち，次の条件を満たす数の和を求めよ。

(1) 7で割り切れる　　　　　(2) 7で割ると3余る

考え方 それぞれの条件を満たす数を並べたものは

(1) 14, 21, 28, 35, …

(2) 10, 17, 24, 31, …

となり，公差7の等差数列である。

「2桁の自然数のうち」という条件から，すべての項は99以下であることより項数を求め，和を計算する。

解答 (1) 7で割り切れる2桁の自然数を並べたものは，公差7の等差数列で，初項は14であるから，一般項は

$$14+7(n-1)=7n+7$$

ここで，$7n+7 \leqq 99$ を満たす最大の自然数 n は

$$n \leqq \frac{92}{7} = 13.1\cdots$$

より　　$n=13$

求める数の和は，初項14，公差7，項数13の等差数列の和であるから

$$\frac{1}{2} \cdot 13 \cdot \{2 \cdot 14 + (13-1) \cdot 7\} = \frac{1}{2} \cdot 13 \cdot 112 = 728$$

(2) 7で割ると3余る2桁の自然数を並べたものは，公差7の等差数列で，初項は10であるから，一般項は

$$10+7(n-1)=7n+3$$

ここで，$7n+3 \leqq 99$ を満たす最大の自然数 n は

$$n \leqq \frac{96}{7} = 13.7\cdots$$

より　　$n=13$

求める数の和は，初項10，公差7，項数13の等差数列の和であるから

$$\frac{1}{2} \cdot 13 \cdot \{2 \cdot 10 + (13-1) \cdot 7\} = \frac{1}{2} \cdot 13 \cdot 104 = 676$$

3 | 等比数列

用語のまとめ

等比数列

- 初項 a から始めて，一定の数 r を次々に掛けて得られる数列を 等比数列 といい，r をその等比数列の 公比 という。

教 p.14

問15 次の等比数列の初項から第5項までを求めよ。

(1) 初項 4，公比 3   (2) 初項 8，公比 -1

考え方 公比 r の等比数列において，$a_{n+1} = ra_n$ である。

解答 (1) 初項は 4　　　　　　第2項は $4 \cdot 3 = 12$

第3項は $12 \cdot 3 = 36$　　第4項は $36 \cdot 3 = 108$

第5項は $108 \cdot 3 = 324$

よって，初項から第5項までは　4, 12, 36, 108, 324

(2) 初項は 8　　　　　　第2項は $8 \cdot (-1) = -8$

第3項は $-8 \cdot (-1) = 8$　　第4項は $8 \cdot (-1) = -8$

第5項は $-8 \cdot (-1) = 8$

よって，初項から第5項までは　8, -8, 8, -8, 8

● 等比数列の一般項　　　　　　　　　　　　　　　　　解き方のポイント

初項 a，公比 r の等比数列 $\{a_n\}$ の一般項は

$$a_n = ar^{n-1}$$

注意　$r \neq 0$ のとき，$r^0 = 1$ と定める。

教 p.15

問16 次の等比数列 $\{a_n\}$ の一般項を求めよ。

(1) 2, 6, 18, 54, $\cdots$ (2) 3, $-\dfrac{3}{2}$, $\dfrac{3}{4}$, $-\dfrac{3}{8}$, $\cdots$

考え方 等比数列において，比の値 $\dfrac{a_{n+1}}{a_n}$ は r で一定である。

初項 a，公比 r が分かれば，一般項 $a_n = ar^{n-1}$ を用いる。

解答 (1) 公比は $\dfrac{6}{2} = 3$

よって，初項 2，公比 3 の等比数列 $\{a_n\}$ の一般項は
$$a_n = 2 \cdot 3^{n-1}$$

(2) 公比は $\dfrac{-\dfrac{3}{2}}{3} = -\dfrac{3}{2} \div 3 = -\dfrac{1}{2}$

よって，初項 3，公比 $-\dfrac{1}{2}$ の等比数列 $\{a_n\}$ の一般項は
$$a_n = 3 \cdot \left(-\dfrac{1}{2}\right)^{n-1}$$

教 p.15

__問 17__ 次の等比数列 $\{a_n\}$ の ☐ にあてはまる数を求めよ。また，一般項を求めよ。

(1) 2，10，☐，… (2) ☐，12，-3，…

考え方 公式 $a_n = ar^{n-1}$ を用いるには，初項と公比が分かればよい。

解答 (1) 公比を r とおくと $r = \dfrac{10}{2} = 5$

よって，☐ にあてはまる数は $10 \cdot 5 = 50$
また，一般項は $a_n = 2 \cdot 5^{n-1}$

(2) 公比を r とおくと $r = \dfrac{-3}{12} = -\dfrac{1}{4}$

よって，☐ にあてはまる数は $12 \div \left(-\dfrac{1}{4}\right) = -48$

また，一般項は $a_n = -48 \cdot \left(-\dfrac{1}{4}\right)^{n-1}$

教 p.16

__問 18__ 第 3 項が 18，第 5 項が 162 である等比数列 $\{a_n\}$ の一般項を求めよ。

考え方 初項を a，公比を r とおいて，与えられた項を a と r の式で表す。これらを a と r についての連立方程式として解く。

解答 初項を a，公比を r とおくと
第 3 項が 18 であるから $ar^2 = 18$ ……①
第 5 項が 162 であるから $ar^4 = 162$ ……②
② ÷ ① より $r^2 = 9$
したがって $r = \pm 3$

(i) $r = 3$ のとき

① に代入して $a = 2$

よって $a_n = 2 \cdot 3^{n-1}$

(ii) $r = -3$ のとき

① に代入して $a = 2$

よって $a_n = 2 \cdot (-3)^{n-1}$

(i), (ii) より,求める一般項は

$a_n = 2 \cdot 3^{n-1}$ または $a_n = 2 \cdot (-3)^{n-1}$

教 **p.16**

問19 $a_n = 2^n$, $b_n = 5 \cdot 3^n$ とするとき,$c_n = \dfrac{a_n}{b_n}$ で定められる数列 $\{c_n\}$ は等比数列であることを示し,その公比を求めよ。

考え方 数列 $\{c_n\}$ が等比数列であることを示すには,隣り合う項の比の値 $\dfrac{c_{n+1}}{c_n}$ が一定であることを示せばよい。この値が公比である。

解答 $c_n = \dfrac{a_n}{b_n} = \dfrac{2^n}{5 \cdot 3^n}$ より

$$\frac{c_{n+1}}{c_n} = \frac{2^{n+1}}{5 \cdot 3^{n+1}} \div \frac{2^n}{5 \cdot 3^n} = \frac{2^{n+1} \cdot 5 \cdot 3^n}{5 \cdot 3^{n+1} \cdot 2^n} = \frac{2}{3}$$

よって,比の値 $\dfrac{c_{n+1}}{c_n}$ が一定であるから,数列 $\{c_n\}$ は等比数列であり,その公比は $\dfrac{2}{3}$ である。

教 **p.16**

問20 0 でない 3 つの数 a, b, c について,次のことが成り立つことを証明せよ。

a, b, c がこの順に等比数列となる $\iff$ $b^2 = ac$

考え方 等比数列では,隣り合う項の比の値が一定であり,この値が公比である。逆に,隣り合う項の比の値が一定である数列は等比数列である。

証明 ($\Longrightarrow$ の証明)

a, b, c がこの順に等比数列となるから,$\dfrac{b}{a}$ と $\dfrac{c}{b}$ は等しい。

よって $\dfrac{b}{a} = \dfrac{c}{b}$

すなわち $b^2 = ac$

1章

数列

(⟸ の証明)

$b^2 = ac$ であり，a，b，c のいずれも 0 でないから，この式を変形すると

$$\frac{b}{a} = \frac{c}{b}$$

$\dfrac{b}{a}$ と $\dfrac{c}{b}$ が等しいから，a，b，c はこの順に等比数列となる。

$b^2 = ac$ の b を **等比中項** という。

● **等比数列の和** ·· 解き方のポイント

初項 a，公比 r の等比数列の初項から第 n 項までの和 S_n は

$r \neq 1$ のとき　$S_n = \dfrac{a(1-r^n)}{1-r} = \dfrac{a(r^n-1)}{r-1}$

$r = 1$ のとき　$S_n = na$

教 p.17

問 21　次の等比数列の和を求めよ。

(1)　初項 2，公比 -3，項数 6　　(2)　初項 $\dfrac{3}{25}$，公比 $\dfrac{4}{3}$，項数 4

考え方　公比は 1 ではないから，公式 $S_n = \dfrac{a(1-r^n)}{1-r} = \dfrac{a(r^n-1)}{r-1}$ を用いる。

解答　(1)　初項 2，公比 -3，項数 6 の等比数列の和 S_6 は　⟸ 公比が 1 より小さい

$$S_6 = \frac{2\{1-(-3)^6\}}{1-(-3)} = \frac{2 \cdot (1-729)}{4} = -364$$

(2)　初項 $\dfrac{3}{25}$，公比 $\dfrac{4}{3}$，項数 4 の等比数列の和 S_4 は　⟸ 公比が 1 より大きい

$$S_4 = \frac{\dfrac{3}{25}\left\{\left(\dfrac{4}{3}\right)^4 - 1\right\}}{\dfrac{4}{3} - 1} = \frac{\dfrac{3}{25} \cdot \dfrac{175}{81}}{\dfrac{1}{3}} = \frac{7}{9}$$

教 p.18

問 22　次の等比数列の初項から第 n 項までの和 S_n を求めよ。

(1)　6，18，54，162，$\cdots$　　(2)　10，$-\dfrac{5}{2}$，$\dfrac{5}{8}$，$-\dfrac{5}{32}$，$\cdots$

考え方　初項と公比を求め，等比数列の和の公式を用いる。

解 答 (1) 公比は $\dfrac{18}{6} = 3$

初項 6, 公比 3 の等比数列の初項から第 n 項までの和 S_n は

$$S_n = \frac{6(3^n - 1)}{3 - 1} = 3(3^n - 1)$$

(2) 公比は $\dfrac{-\dfrac{5}{2}}{10} = -\dfrac{5}{2} \div 10 = -\dfrac{1}{4}$

初項 10, 公比 $-\dfrac{1}{4}$ の等比数列の初項から第 n 項までの和 S_n は

$$S_n = \frac{10\left\{1 - \left(-\dfrac{1}{4}\right)^n\right\}}{1 - \left(-\dfrac{1}{4}\right)} = \frac{10\left\{1 - \left(-\dfrac{1}{4}\right)^n\right\}}{\dfrac{5}{4}} = 8\left\{1 - \left(-\dfrac{1}{4}\right)^n\right\}$$

教 p.18

問 23 初項から第 3 項までの和が 35, 初項から第 6 項までの和が 315 である等比数列の初項と公比を求めよ。ただし, 公比は実数とする。

考え方 まず, $r \neq 1$ であることを示す。

解 答 初項を a, 公比を r, 初項から第 n 項までの和を S_n とする。

$r = 1$ のとき　　　$S_3 = 35$ より　　　$3a = 35$

　　　　　　　　　　$S_6 = 315$ より　　　$6a = 315$

となるが, これらを同時に満たす a は存在しない。

よって, $r \neq 1$ であるから

$S_3 = 35$ より　　　$\dfrac{a(1 - r^3)}{1 - r} = 35$　　　……①

$S_6 = 315$ より　　　$\dfrac{a(1 - r^6)}{1 - r} = 315$　　　……②

② より　　　$\dfrac{a(1 - r^3)(1 + r^3)}{1 - r} = 315$

これに ① を代入して　　　$35(1 + r^3) = 315$

$$1 + r^3 = 9$$

$$r^3 = 8$$

r は実数であるから　　　$r = 2$ $\longleftarrow$ $r^3 - 8 = 0$ すなわち $(r - 2)(r^2 + 2r + 4) = 0$ の実数解

これを ① に代入して　　　$a = 5$

ゆえに, この等比数列の **初項は 5, 公比は 2** である。

4 | 和の記号 Σ

用語のまとめ

和の記号 Σ

- 数列の和 $a_1 + a_2 + a_3 + \cdots + a_n$ は記号 Σ を用いて

$$a_1 + a_2 + a_3 + \cdots + a_n = \sum_{k=1}^{n} a_k$$

と書き表す。すなわち，$\displaystyle\sum_{k=1}^{n} a_k$ は k が 1，2，3，$\cdots$，n と変わるときのすべての a_k の和を表す。

教 p.19

問 24 次の和を，例 15 のように記号 Σ を用いずに表せ。

(1) $\displaystyle\sum_{k=1}^{4}(3k-1)$ (2) $\displaystyle\sum_{k=1}^{3} 2k^2$ (3) $\displaystyle\sum_{k=1}^{n} 2^k$

考え方 $\displaystyle\sum_{k=1}^{n} a_k = a_1 + a_2 + a_3 + \cdots + a_n$ であるから，$\displaystyle\sum_{k=1}^{n} a_k$ は a_k が表す式に

$k = 1$，2，3，$\cdots$，n を代入して得られるすべての項の和を表す。

項数 n は，記号 Σ の上に書かれている値から分かる。

(1)は第4項まで，(2)は第3項まで，(3)は第 n 項までの和である。

解答 (1) $\displaystyle\sum_{k=1}^{4}(3k-1) = (3\cdot1-1)+(3\cdot2-1)+(3\cdot3-1)+(3\cdot4-1)$

$\qquad = 2+5+8+11$

(2) $\displaystyle\sum_{k=1}^{3} 2k^2 = 2\cdot1^2 + 2\cdot2^2 + 2\cdot3^2 = 2+8+18$

(3) $\displaystyle\sum_{k=1}^{n} 2^k = 2^1 + 2^2 + 2^3 + \cdots + 2^n$

問 25　次の和を記号 Σ を用いて表せ。

(1)　$1^3 + 2^3 + 3^3 + \cdots + n^3$

(2)　$3 + 5 + 7 + \cdots + (2n+1)$

(3)　$1 \cdot 3 + 2 \cdot 4 + 3 \cdot 5 + 4 \cdot 6 + 5 \cdot 7$

考え方　数列の一般項を k の式で表す。末項が
第何項であるかを調べ，項数を求める。

$\longleftarrow \displaystyle\sum_{k=1}^{(項数)} (k の式で表した一般項)$

解答　(1)　一般項は k^3 で，末項は第 n 項であるから

$$1^3 + 2^3 + 3^3 + \cdots + n^3 = \sum_{k=1}^{n} k^3$$

(2)　一般項は $2k+1$ で，末項は第 n 項であるから

$$3 + 5 + 7 + \cdots + (2n+1) = \sum_{k=1}^{n} (2k+1)$$

(3)　一般項は $k(k+2)$ で，末項は第 5 項であるから

$$1 \cdot 3 + 2 \cdot 4 + 3 \cdot 5 + 4 \cdot 6 + 5 \cdot 7 = \sum_{k=1}^{5} k(k+2)$$

問 26　次の和を求めよ。

(1)　$\displaystyle\sum_{k=1}^{n} 2 \cdot 3^{k-1}$　　　　　　　(2)　$\displaystyle\sum_{k=1}^{n} (-2)^k$

考え方　初項 a，公比 r $(r \neq 1)$ の等比数列の初項から第 n 項までの和の公式は，

Σ を用いて表すと，$\displaystyle\sum_{k=1}^{n} ar^{k-1} = \dfrac{a(1-r^n)}{1-r} = \dfrac{a(r^n-1)}{r-1}$ となる。

(2)　$(-2)^k = (-2) \cdot (-2)^{k-1}$ と変形し，初項と公比を求める。

解答　(1)　初項 2，公比 3 の等比数列の初項から第 n 項までの和であるから

$$\sum_{k=1}^{n} 2 \cdot 3^{k-1} = \frac{2(3^n - 1)}{3-1} = 3^n - 1$$

(2)　$$\sum_{k=1}^{n} (-2)^k = \sum_{k=1}^{n} (-2) \cdot (-2)^{k-1}$$

と変形することができる。

したがって，初項 -2，公比 -2 の等比数列の初項から第 n 項までの
和であるから

$$\sum_{k=1}^{n} (-2)^k = \frac{(-2) \cdot \{1-(-2)^n\}}{1-(-2)} = -\frac{2}{3}\{1-(-2)^n\}$$

1章

数列

__問 27__ 次の和を求めよ。

    (1) $1^2+2^2+3^2+\cdots+20^2$ (2) $11^2+12^2+13^2+\cdots+20^2$

__考え方__ $\displaystyle\sum_{k=1}^{n}k^2=\frac{1}{6}n(n+1)(2n+1)$ を用いる。(2)は，(1)の結果を利用する。

__解 答__ (1) $1^2+2^2+3^2+\cdots+20^2$

$\displaystyle=\sum_{k=1}^{20}k^2=\frac{1}{6}\cdot20\cdot(20+1)\cdot(2\cdot20+1)$

$\displaystyle=\frac{1}{6}\cdot20\cdot21\cdot41=2870$

(2) $11^2+12^2+13^2+\cdots+20^2$

$\displaystyle=\sum_{k=1}^{20}k^2-\sum_{k=1}^{10}k^2$

$\displaystyle=2870-\frac{1}{6}\cdot10\cdot(10+1)\cdot(2\cdot10+1)$

$\displaystyle=2870-\frac{1}{6}\cdot10\cdot11\cdot21$

$=2870-385=2485$

__教 p.21__

__問 28__ 等式 $(k+1)^4-k^4=4k^3+6k^2+4k+1$ を利用して

$$\sum_{k=1}^{n}k^3=\left\{\frac{1}{2}n(n+1)\right\}^2$$

が成り立つことを示せ。

__考え方__ 等式 $(k+1)^4-k^4=4k^3+6k^2+4k+1$ の k に 1, 2, 3, …, n を代入した n 個の等式をつくり，これら n 個の等式の辺々を加える。

__証 明__ 等式 $(k+1)^4-k^4=4k^3+6k^2+4k+1$ において

$k=1$ とすると $2^4-1^4=4\cdot1^3+6\cdot1^2+4\cdot1+1$

$k=2$ とすると $3^4-2^4=4\cdot2^3+6\cdot2^2+4\cdot2+1$

$k=3$ とすると $4^4-3^4=4\cdot3^3+6\cdot3^2+4\cdot3+1$

    ……………

$k=n$ とすると $(n+1)^4-n^4=4\cdot n^3+6\cdot n^2+4\cdot n+1$

これら n 個の等式の辺々を加えると

$(n+1)^4-1^4=4(1^3+2^3+3^3+\cdots+n^3)+6(1^2+2^2+3^2+\cdots+n^2)$
$+4(1+2+3+\cdots+n)+\underbrace{(1+1+1+\cdots+1)}_{n個}$

$$= 4\sum_{k=1}^{n}k^3 + 6\sum_{k=1}^{n}k^2 + 4\sum_{k=1}^{n}k + n$$

よって $\quad 4\sum_{k=1}^{n}k^3 = (n+1)^4 - 1^4 - 6\sum_{k=1}^{n}k^2 - 4\sum_{k=1}^{n}k - n$

$$= (n+1)^4 - 1 - 6\cdot\frac{1}{6}n(n+1)(2n+1) - 4\cdot\frac{1}{2}n(n+1) - n$$

$$= (n+1)^4 - n(n+1)(2n+1) - 2n(n+1) - (n+1)$$

$$= (n+1)\{(n+1)^3 - n(2n+1) - 2n - 1\}$$

$$= (n+1)(n^3 + n^2) = n^2(n+1)^2$$

ゆえに $\quad \sum_{k=1}^{n}k^3 = \frac{1}{4}n^2(n+1)^2 = \left\{\frac{1}{2}n(n+1)\right\}^2$

● 累乗の和 .... 解き方のポイント

$$\sum_{k=1}^{n}c = nc \quad c\text{は定数} \qquad \sum_{k=1}^{n}k = \frac{1}{2}n(n+1)$$

$$\sum_{k=1}^{n}k^2 = \frac{1}{6}n(n+1)(2n+1) \qquad \sum_{k=1}^{n}k^3 = \left\{\frac{1}{2}n(n+1)\right\}^2$$

注意　特に，$\sum_{k=1}^{n}1 = n$ である。

● 記号 Σ の性質 .... 解き方のポイント

$$\sum_{k=1}^{n}(a_k + b_k) = \sum_{k=1}^{n}a_k + \sum_{k=1}^{n}b_k$$

$$\sum_{k=1}^{n}ca_k = c\sum_{k=1}^{n}a_k \quad c\text{は定数}$$

教 p.22

問29　次の和を求めよ。

(1) $\sum_{k=1}^{n}(5k+1)$ (2) $\sum_{k=1}^{n}(k+1)(k-2)$ (3) $\sum_{k=1}^{n}(k^3-k)$

考え方　記号 Σ の性質，累乗の和の公式を使って計算する。

解答 (1) $\sum_{k=1}^{n}(5k+1) = \sum_{k=1}^{n}5k + \sum_{k=1}^{n}1 = 5\sum_{k=1}^{n}k + \sum_{k=1}^{n}1$

$$= 5\cdot\frac{1}{2}n(n+1) + n$$

$$= \frac{1}{2}n\{5(n+1)+2\} = \frac{1}{2}n(5n+7)$$

1 章

数列

(2) $\displaystyle\sum_{k=1}^{n}(k+1)(k-2)=\sum_{k-1}^{n}(k^2-k-2)$

$\displaystyle =\sum_{k=1}^{n}k^2+\sum_{k=1}^{n}(-k)+\sum_{k=1}^{n}(-2)=\sum_{k=1}^{n}k^2-\sum_{k=1}^{n}k-\sum_{k=1}^{n}2$

$\displaystyle =\frac{1}{6}n(n+1)(2n+1)-\frac{1}{2}n(n+1)-2n$

$\displaystyle =\frac{1}{6}n\{(n+1)(2n+1)-3(n+1)-12\}$

$\displaystyle =\frac{1}{6}n(2n^2-14)=\frac{1}{3}n(n^2-7)$

(3) $\displaystyle\sum_{k=1}^{n}(k^3-k)=\sum_{k=1}^{n}k^3+\sum_{k=1}^{n}(-k)=\sum_{k=1}^{n}k^3-\sum_{k=1}^{n}k$

$\displaystyle =\left\{\frac{1}{2}n(n+1)\right\}^2-\frac{1}{2}n(n+1)$

$\displaystyle =\frac{1}{4}n(n+1)\{n(n+1)-2\}$

$\displaystyle =\frac{1}{4}n(n+1)(n^2+n-2)=\frac{1}{4}n(n+1)(n-1)(n+2)$

教 p.22

問30 次の和を求めよ。

$1\cdot3+2\cdot4+3\cdot5+\cdots+n(n+2)$

考え方 第 k 項を k の式で表し，和 S_n を記号 Σ を用いて表す。Σ の性質，累乗の和の公式を用いて計算する。

解答 この数列の第 k 項は $k(k+2)$ であるから，求める和 S_n は

$\displaystyle S_n=\sum_{k=1}^{n}k(k+2)$

$\displaystyle =\sum_{k=1}^{n}(k^2+2k)$

$\displaystyle =\sum_{k=1}^{n}k^2+2\sum_{k=1}^{n}k$

$\displaystyle =\frac{1}{6}n(n+1)(2n+1)+2\cdot\frac{1}{2}n(n+1)$

$\displaystyle =\frac{1}{6}n(n+1)\{(2n+1)+6\}$

$\displaystyle =\frac{1}{6}n(n+1)(2n+7)$

5 | 階差数列

用語のまとめ

階差数列

● 数列 $\{a_n\}$ に対して
$$b_n = a_{n+1} - a_n \quad (n = 1, 2, 3, \cdots)$$
として得られる数列 $\{b_n\}$ を数列 $\{a_n\}$ の 階差数列 という。

● 階差数列を用いて一般項を表す式 .... 解き方のポイント

数列 $\{a_n\}$ の階差数列を $\{b_n\}$ とすると，$n \geq 2$ のとき
$$a_n = a_1 + \sum_{k=1}^{n-1} b_k$$

教 p.24

問31 次の数列 $\{a_n\}$ の一般項を求めよ。

(1) 1, 2, 5, 10, 17, 26, 37, $\cdots$

(2) 3, 4, 1, 10, -17, 64, -179, $\cdots$

考え方 階差数列 $\{b_n\}$ をつくり，その一般項 b_n を求めて a_n を表す式を導く。

解答 (1) この数列を $\{a_n\}$，その階差数列を $\{b_n\}$ とすると，$\{b_n\}$ は
$$1, 3, 5, 7, 9, 11, \cdots$$
となる。これは，初項 1，公差 2 の等差数列であるから
$$b_n = 1 + (n-1) \cdot 2 = 2n - 1$$
よって，$n \geq 2$ のとき
$$a_n = a_1 + \sum_{k=1}^{n-1} b_k = 1 + \sum_{k=1}^{n-1}(2k-1) = 1 + 2\sum_{k=1}^{n-1}k - \sum_{k=1}^{n-1}1$$
$$= 1 + 2 \cdot \frac{1}{2}(n-1)n - (n-1)$$
$$= n^2 - 2n + 2$$
$a_1 = 1$ であるから，$a_n = n^2 - 2n + 2$ は $n = 1$ のときも成り立つ。
したがって，一般項は $\quad a_n = n^2 - 2n + 2$

(2) この数列を $\{a_n\}$，その階差数列を $\{b_n\}$ とすると，$\{b_n\}$ は
$$1, -3, 9, -27, 81, -243, \cdots$$
となる。これは，初項 1，公比 -3 の等比数列であるから
$$b_n = 1 \cdot (-3)^{n-1} = (-3)^{n-1}$$
よって，$n \geq 2$ のとき

$$a_n = a_1 + \sum_{k=1}^{n-1} b_k = 3 + \sum_{k=1}^{n-1} (-3)^{k-1}$$

$$= 3 + \frac{1 \cdot \{1 - (-3)^{n-1}\}}{1 - (-3)} = 3 + \frac{1}{4}\{1 - (-3)^{n-1}\}$$

$$= \frac{1}{4}\{13 - (-3)^{n-1}\}$$

$a_1 = 3$ であるから，$a_n = \dfrac{1}{4}\{13 - (-3)^{n-1}\}$ は $n = 1$ のときも成り立つ。

したがって，一般項は $\qquad a_n = \dfrac{1}{4}\{13 - (-3)^{n-1}\}$

注意 階差数列を用いて一般項を表す式は，得られた式に $n = 1$ を代入した値が初項と一致することを確かめてから一般項とする。

● 数列の和と一般項 ⋯⋯⋯⋯⋯⋯⋯⋯⋯⋯⋯⋯⋯⋯⋯⋯⋯⋯⋯ 解き方のポイント

数列 $\{a_n\}$ の初項から第 n 項までの和を S_n とすると

$$a_1 = S_1$$

$n \geqq 2$ のとき $\qquad a_n = S_n - S_{n-1}$

教 p.25

問32 数列 $\{a_n\}$ の初項から第 n 項までの和 S_n が次のように与えられているとき，この数列の一般項を求めよ。

(1) $S_n = n^2 + 3n$ $\qquad\qquad$ (2) $S_n = 3^n - 1$

考え方 数列の和 S_n からその数列の一般項を求めるには，$n = 1$ のとき，$n \geqq 2$ のときの 2 つに分けて行う。$n \geqq 2$ のときに $a_n = S_n - S_{n-1}$ で求めた a_n の式に $n = 1$ を代入した値が a_1 に一致すれば，この a_n が一般項である。

解答 (1) $\qquad a_1 = S_1 = 1^2 + 3 \cdot 1 = 4$

また，$n \geqq 2$ のとき

$$a_n = S_n - S_{n-1} = (n^2 + 3n) - \{(n-1)^2 + 3(n-1)\} = 2n + 2$$

$a_1 = 4$ であるから，$a_n = 2n + 2$ は $n = 1$ のときも成り立つ。

したがって，一般項は $\qquad a_n = 2n + 2$

(2) $\qquad a_1 = S_1 = 3^1 - 1 = 2$

また，$n \geqq 2$ のとき

$$a_n = S_n - S_{n-1}$$

$$= (3^n - 1) - (3^{n-1} - 1) = 3 \cdot 3^{n-1} - 1 - 3^{n-1} + 1 = 2 \cdot 3^{n-1}$$

$a_1 = 2$ であるから，$a_n = 2 \cdot 3^{n-1}$ は $n = 1$ のときも成り立つ。

したがって，一般項は $\qquad a_n = 2 \cdot 3^{n-1}$

6 | いろいろな数列

教 p.26

問33 $\dfrac{1}{(2k-1)(2k+1)} = \dfrac{1}{2}\left(\dfrac{1}{2k-1} - \dfrac{1}{2k+1}\right)$ が成り立つことを利用して，次の和を求めよ。

$$\sum_{k=1}^{n} \dfrac{1}{(2k-1)(2k+1)}$$

考え方 数列の各項を2つの分数の差の形に分解することにより，その和を求める。

解答 $\dfrac{1}{(2k-1)(2k+1)} = \dfrac{1}{2}\left(\dfrac{1}{2k-1} - \dfrac{1}{2k+1}\right)$ が成り立つから

$$\sum_{k=1}^{n} \dfrac{1}{(2k-1)(2k+1)}$$

$$= \sum_{k=1}^{n} \dfrac{1}{2}\left(\dfrac{1}{2k-1} - \dfrac{1}{2k+1}\right)$$

$$= \dfrac{1}{2}\left\{\left(\dfrac{1}{1} - \dfrac{1}{3}\right) + \left(\dfrac{1}{3} - \dfrac{1}{5}\right) + \left(\dfrac{1}{5} - \dfrac{1}{7}\right) + \cdots + \left(\dfrac{1}{2n-1} - \dfrac{1}{2n+1}\right)\right\}$$

$$= \dfrac{1}{2}\left(1 - \dfrac{1}{2n+1}\right)$$

$$= \dfrac{n}{2n+1}$$

プラス+

分数式 $\dfrac{1}{(2k-1)(2k+1)}$ は，次のようにして2つの分数式に分けることができる。

$\dfrac{1}{(2k-1)(2k+1)} = \dfrac{A}{2k-1} + \dfrac{B}{2k+1}$ とおくと

$$\dfrac{A}{2k-1} + \dfrac{B}{2k+1} = \dfrac{A(2k+1) + B(2k-1)}{(2k-1)(2k+1)}$$

$$= \dfrac{2(A+B)k + (A-B)}{(2k-1)(2k+1)}$$

であるから，両辺の分子を比べて

$$A+B = 0, \quad A-B = 1$$

これを解くと $A = \dfrac{1}{2}, \ B = -\dfrac{1}{2}$

よって

$$\dfrac{1}{(2k-1)(2k+1)} = \dfrac{\dfrac{1}{2}}{2k-1} + \dfrac{-\dfrac{1}{2}}{2k+1}$$

$$= \dfrac{1}{2}\left(\dfrac{1}{2k-1} - \dfrac{1}{2k+1}\right)$$

1 章

数列

問34 次の和 S_n を求めよ。

$$S_n = 2 \cdot 1 + 4 \cdot 3 + 6 \cdot 3^2 + 8 \cdot 3^3 + \cdots + 2n \cdot 3^{n-1}$$

考え方 各項は

等差数列 $2,\ 4,\ 6,\ 8,\ \cdots,\ 2n$ と，等比数列 $1,\ 3,\ 3^2,\ 3^3,\ \cdots,\ 3^{n-1}$

のそれぞれの項どうしの積である。

等比数列の和の公式を導いた考え方と同様に考える。

解答 $S_n = 2 \cdot 1 + 4 \cdot 3 + 6 \cdot 3^2 + 8 \cdot 3^3 + \cdots + 2n \cdot 3^{n-1}$ ⋯⋯ ①

① の両辺に 3 を掛けて

$3S_n = \qquad 2 \cdot 3 + 4 \cdot 3^2 + 6 \cdot 3^3 + \cdots + 2(n-1) \cdot 3^{n-1} + 2n \cdot 3^n$ ⋯⋯ ②

① から ② を引いて

$$(1-3)S_n = 2(1 + 3 + 3^2 + 3^3 + \cdots + 3^{n-1}) - 2n \cdot 3^n$$

$$= 2 \cdot \frac{1 \cdot (3^n - 1)}{3 - 1} - 2n \cdot 3^n$$

$$= 3^n - 1 - 2n \cdot 3^n$$

$$= -(2n-1) \cdot 3^n - 1$$

したがって $\quad S_n = \dfrac{(2n-1) \cdot 3^n + 1}{2}$

問35 自然数の列を次のような群に分け，第 n 群には $2n$ 個の数が入るようにする。

$$1,\ 2 \mid 3,\ 4,\ 5,\ 6 \mid 7,\ 8,\ 9,\ 10,\ 11,\ 12 \mid \cdots$$

(1) 第 n 群の最初の項を求めよ。

(2) 第 n 群のすべての項の和を求めよ。

考え方 第 n 群は，公差 1 の等差数列で，項数は $2n$ である。

解答 (1) $n \geqq 2$ のとき，第 1 群から第 $(n-1)$ 群までに含まれる自然数の個数は

$$2 + 4 + 6 + \cdots + 2(n-1) = 2\{1 + 2 + 3 + \cdots + (n-1)\}$$

$$= 2 \cdot \frac{1}{2}(n-1)n$$

$$= n(n-1) \quad \longleftarrow \quad \text{第 } (n-1) \text{ 群の} \atop \text{最後の項に等しい}$$

ゆえに，第 n 群の最初の項は

$$n(n-1) + 1 = n^2 - n + 1$$

これは，$n = 1$ のときも成り立つ。

(2) 第 n 群は，初項 $n^2 - n + 1$，公差 1，項数 $2n$ の等差数列であるから，その和は

$$\frac{1}{2} \cdot 2n\{2(n^2 - n + 1) + (2n-1) \cdot 1\} = n(2n^2 + 1)$$

	問　題	教 p.29

1 初項 8, 公差 7 の等差数列には 400 という項はあるか。また, あるとすると第何項か。

考え方 初項 a, 公差 d の等差数列の一般項 a_n は, $a_n = a + (n-1)d$ である。
$a_n = 400$ のとき, この式を満たす自然数 n があるかどうか調べる。

解答 この等差数列の第 n 項が 400 であるとすると

$$8 + (n-1) \cdot 7 = 400$$
$$7n = 399$$

よって　　$n = 57$

ゆえに, この数列には 400 という項があり, **第 57 項**である。

2 第 5 項が 108, 第 20 項が -237 の等差数列がある。
(1) この数列の一般項を求めよ。
(2) この数列で, 第何項が初めて負になるか。
(3) この数列の初項から第何項までの和が最も大きくなるか。

考え方 (1) 初項 a, 公差 d とし, $a_5 = 108$, $a_{20} = -237$ から, a, d の値を求める。
(2) $a_n < 0$ となる最小の自然数 n の値を求める。
(3) 負の項が始まると, それ以降, 数列の和は減少に変わる。

解答 (1) 初項を a, 公差を d とおくと

第 5 項が 108 であるから　　　　$a + 4d = 108$
第 20 項が -237 であるから　　$a + 19d = -237$　　$\Big\rbrace -15d = 345$

これらを連立させて解くと　　　$a = 200, \ d = -23$

すなわち, 初項は 200, 公差は -23 であるから, 一般項を a_n とすると

$$a_n = 200 + (n-1) \cdot (-23) = -23n + 223$$

(2) 第 n 項が負, すなわち, $a_n < 0$ とすると

$$-23n + 223 < 0$$
$$n > \frac{223}{23} = 9.6\cdots$$

したがって, **第 10 項** が初めて負になる。

(3) (2) より, この等差数列は第 10 項からすべて負の数となる。
したがって, 正の項のみをすべて加えれば和が最も大きくなるから,
初項から **第 9 項まで** の和が最も大きくなる。

3 3つの数 $x-4$, x, $x+6$ がこの順で等比数列となるとき，x の値を求めよ。

考え方 0 でない 3 つの数について，次のことが成り立つ。（教科書 p.16 問 20）

a, b, c がこの順に等比数列となる $\iff b^2 = ac$

解答 $x-4$, x, $x+6$ がこの順で等比数列となるから

$$x^2 = (x-4)(x+6)$$

よって $x = 12$　$\Big\}$ $x^2 = x^2 + 2x - 24$ より　$2x = 24$

4 次の数列 $\{a_n\}$ の一般項を求めよ。また，初項から第 n 項までの和を求めよ。

(1) $2\cdot3^2$, $4\cdot4^2$, $6\cdot5^2$, $8\cdot6^2$, $10\cdot7^2$, $\cdots$

(2) 1, $1+2$, $1+2+4$, $1+2+4+8$, $1+2+4+8+16$, $\cdots$

考え方 一般項 a_k を k の式で表し，$\displaystyle\sum_{k=1}^{n} a_k$ を計算する。

解答 (1) 　　2, 4, 6, 8, 10, $\cdots$

という数列の第 n 項は $2n$ であり

3^2, 4^2, 5^2, 6^2, 7^2, $\cdots$

という数列の第 n 項は $(n+2)^2$ であるから

数列 $\{a_n\}$ の一般項は　$a_n = 2n(n+2)^2$

また，初項から第 n 項までの和は

$$\sum_{k=1}^{n} 2k(k+2)^2 = \sum_{k=1}^{n}(2k^3 + 8k^2 + 8k)$$

$$= 2\sum_{k=1}^{n} k^3 + 8\sum_{k=1}^{n} k^2 + 8\sum_{k=1}^{n} k$$

$$= 2\cdot\frac{1}{4}n^2(n+1)^2 + 8\cdot\frac{1}{6}n(n+1)(2n+1)$$

$$+ 8\cdot\frac{1}{2}n(n+1)$$

$$= \frac{1}{6}n(n+1)\{3n(n+1) + 8(2n+1) + 24\}$$

$$= \frac{1}{6}n(n+1)(3n^2 + 19n + 32)$$

(2) 数列 $\{a_n\}$ の一般項は

$$a_n = 1 + 2 + 4 + \cdots + 2^{n-1} = \frac{1\cdot(2^n-1)}{2-1}$$

初項 1，公比 2，$\longleftarrow$ 項数 n である等比数列の和

$$= 2^n - 1$$

また，初項から第 n 項までの和は

$$\sum_{k=1}^{n}(2^k - 1) = \sum_{k=1}^{n} 2^k - \sum_{k=1}^{n} 1 = \frac{2(2^n-1)}{2-1} - n = 2^{n+1} - n - 2$$

5 数列 2, 3, 7, 16, 32, 57, 93, …の一般項を求めよ。

考え方 階差数列をつくり，まず階差数列の一般項 b_n を求める。次に $n \geqq 2$ のとき，公式 $a_n = a_1 + \sum\limits_{k=1}^{n-1} b_k$ を用いて，与えられた数列の一般項 a_n を求める。

解答 この数列を $\{a_n\}$，その階差数列を $\{b_n\}$ とすると，$\{b_n\}$ は

$$1, \quad 4, \quad 9, \quad 16, \quad 25, \quad \cdots$$

となる。したがって，数列 $\{b_n\}$ の一般項は

$$b_n = n^2$$

よって，$n \geqq 2$ のとき

$$a_n = a_1 + \sum_{k=1}^{n-1} b_k$$

$$= 2 + \sum_{k=1}^{n-1} k^2$$

$$= 2 + \frac{1}{6}(n-1)n\{2(n-1)+1\}$$

$$= \frac{1}{6}(2n^3 - 3n^2 + n + 12)$$

$a_1 = 2$ であるから，$a_n = \dfrac{1}{6}(2n^3 - 3n^2 + n + 12)$ は $n = 1$ のときも成り立つ。

したがって，一般項は　　　$a_n = \dfrac{1}{6}(2n^3 - 3n^2 + n + 12)$

6 数列 $\{b_n\}$ の一般項が $b_n = -2n + 5$ であるとき，次の問に答えよ。
(1) 数列 $\{b_n\}$ を階差数列とする数列 $\{a_n\}$ の一般項を2通り求めよ。
(2) (1)で求めた2通りの数列 $\{a_n\}$ において，最も大きくなる項はそれぞれ第何項か。

考え方 (1) 数列 $\{b_n\}$ を階差数列とする数列 $\{a_n\}$ の初項を a_1 として，a_n の一般項を求め，a_1 に適当な値を代入して，2通りの一般項を求める。
(2) 一般項を表す2次式の値が最大となるときの n の値を求める。

解答 (1) 数列 $\{b_n\}$ を階差数列とする数列を $\{a_n\}$ とする。
数列 $\{a_n\}$ の初項を a_1 とすると

$$a_n = a_1 + \sum_{k=1}^{n-1} b_k$$

$$= a_1 + \sum_{k=1}^{n-1}(-2k + 5)$$

1 章

数列

$$= a_1 - 2\sum_{k=1}^{n-1} k + \sum_{k=1}^{n-1} 5$$

$$= a_1 - 2 \cdot \frac{1}{2}(n-1)n + 5(n-1)$$

$$= a_1 - n^2 + n + 5n - 5$$

$$= -n^2 + 6n - 5 + a_1$$

よって，例えば，$a_1 = 5$，$a_1 = 0$ とすると，それぞれ $a_n = -n^2 + 6n$，$a_n = -n^2 + 6n - 5$ となる。

したがって，数列 $\{a_n\}$ の一般項は

$$a_n = -n^2 + 6n, \ a_n = -n^2 + 6n - 5 \ \text{など}$$

(2)　　　$-n^2 + 6n - 5 + a_1 = -(n-3)^2 + (a_1 + 4)$

よって，$-n^2 + 6n - 5 + a_1$ は $n = 3$ のとき最大となる。

したがって，どのような初項の場合でも，第 3 項が最も大きくなる。

プラス ＋

数列 $\{a_n\}$ の階差数列 $\{b_n\}$ について，$b_n = -2n + 5$ であるから，数列 $\{b_n\}$ は初項と第 2 項が正で，第 3 項からは負である。

したがって，a_1 に b_1，b_2 だけを加えた a_3 が数列 $\{a_n\}$ の項の中で最も大きくなる。したがって，どのように初項 a_1 を選んでも，第 3 項が最も大きくなる項である。

---

7 数列 $\{a_n\}$ の初項から第 n 項までの和 S_n が $S_n = n^2 - n + 1$ で表されるとき，この数列の一般項を求めよ。

考え方　$a_1 = S_1$ を求め，$n \geqq 2$ のとき，$a_n = S_n - S_{n-1}$ という関係が成り立つことを用いる。

解　答　　　$a_1 = S_1 = 1^2 - 1 + 1 = 1$

また，$n \geqq 2$ のとき

$$a_n = S_n - S_{n-1}$$

$$= (n^2 - n + 1) - \{(n-1)^2 - (n-1) + 1\}$$

$$= 2n - 2$$

したがって，一般項 a_n は

$$a_1 = 1, \ n \geqq 2 \text{ のとき}, \ a_n = 2n - 2$$

注　意　$a_n = 2n - 2$ に $n = 1$ を代入すると

$$a_1 = 2 \cdot 1 - 2 = 0 \neq 1$$

となり，答えを 1 つの式にまとめて書くことはできない。

8 $\dfrac{1}{\sqrt{1}+\sqrt{2}}=\sqrt{2}-\sqrt{1}$, $\dfrac{1}{\sqrt{2}+\sqrt{3}}=\sqrt{3}-\sqrt{2}$, …

が成り立つことを利用して，$\displaystyle\sum_{k=1}^{n}\dfrac{1}{\sqrt{k}+\sqrt{k+1}}$ を求めよ。

解答
$$\sum_{k=1}^{n}\dfrac{1}{\sqrt{k}+\sqrt{k+1}}=(\sqrt{2}-\sqrt{1})+(\sqrt{3}-\sqrt{2})+(\sqrt{4}-\sqrt{3})+\cdots$$
$$+(\sqrt{n+1}-\sqrt{n})$$
$$=\sqrt{n+1}-1$$

プラス ＋

一般に
$$\dfrac{1}{\sqrt{k}+\sqrt{k+1}}=\dfrac{\sqrt{k}-\sqrt{k+1}}{(\sqrt{k}+\sqrt{k+1})(\sqrt{k}-\sqrt{k+1})}$$
$$=\dfrac{\sqrt{k}-\sqrt{k+1}}{k-(k+1)}$$
$$=\sqrt{k+1}-\sqrt{k}$$

9 次の和 S_n を求めよ。
$$S_n=4\cdot1+7\cdot4+10\cdot4^2+13\cdot4^3+\cdots+(3n+1)\cdot4^{n-1}$$

考え方 各項は，等差数列 4，7，10，13，…，$3n+1$ と，公比 4 の等比数列 1，4，4^2，4^3，…，4^{n-1} のそれぞれの項どうしの積になっている。等比数列の和の公式を導いた考え方（教科書 p.17）と同様に，S_n-4S_n を計算する。

解答
$$S_n=4\cdot1+7\cdot4+10\cdot4^2+13\cdot4^3+\cdots+(3n+1)\cdot4^{n-1} \qquad\cdots\cdots ①$$

① の両辺に 4 を掛けて
$$4S_n=\quad 4\cdot4+\ 7\cdot4^2+10\cdot4^3+\cdots+(3n-2)\cdot4^{n-1}+(3n+1)\cdot4^n$$
$$\cdots\cdots ②$$

① から ② を引いて
$$(1-4)S_n=4\cdot1+3(4+4^2+4^3+\cdots+4^{n-1})-(3n+1)\cdot4^n$$
$$=4+3\cdot\dfrac{4(4^{n-1}-1)}{4-1}-(3n+1)\cdot4^n$$
$$=4+4^n-4-(3n+1)\cdot4^n$$
$$=-3n\cdot4^n$$

したがって　$S_n=n\cdot4^n$

1章

数列

探究　$a_k = A_{k+1} - A_k$ を利用した数列の和の求め方　教 p.30

考察 1　(1) $A_k = \dfrac{1}{2}(k-1)k$ について，等式 $k = A_{k+1} - A_k$ が成り立つことを確認してみよう。

(2) (1)を利用して，$\displaystyle\sum_{k=1}^{n} k$ を求めてみよう。

解答　(1)　$A_k = \dfrac{1}{2}(k-1)k,\ A_{k+1} = \dfrac{1}{2}k(k+1)$

であるから

$$A_{k+1} - A_k = \dfrac{1}{2}k(k+1) - \dfrac{1}{2}(k-1)k$$

$$= \dfrac{1}{2}k\{(k+1) - (k-1)\}$$

$$= \dfrac{1}{2}k \cdot 2 = k$$

したがって，等式 $k = A_{k+1} - A_k$ が成り立っている。

(2) $\displaystyle\sum_{k=1}^{n} k = \sum_{k=1}^{n}(A_{k+1} - A_k)$

$$= (A_2 - A_1) + (A_3 - A_2) + (A_4 - A_3) + \cdots + (A_{n+1} - A_n)$$

$$= A_{n+1} - A_1$$

$$= \dfrac{1}{2}n(n+1) - \dfrac{1}{2} \cdot 0 \cdot 1$$

$$= \dfrac{1}{2}n(n+1)$$

考察 2　(1) $k(k+1) = B_{k+1} - B_k$ を満たす数列 $\{B_k\}$ を求めてみよう。

(2) (1)を利用して，$\displaystyle\sum_{k=1}^{n} k(k+1)$ を求めてみよう。

考え方　教科書 p.22 の例 21 より，$\displaystyle\sum_{k=1}^{n} k(k+1) = \dfrac{1}{3}n(n+1)(n+2)$

また　$\displaystyle\sum_{k=1}^{n}(B_{k+1} - B_k) = B_{n+1} - B_1$

以上より，$B_k = \dfrac{1}{3}(k-1)k(k+1),\ B_1 = 0$ と予想できる。

解答 (1) 考察1の類推から

$$B_k = \frac{1}{3}(k-1)k(k+1)$$

とおいて，$k(k+1) = B_{k+1} - B_k$ が成り立つかどうか調べる。

$$B_{k+1} - B_k = \frac{1}{3}k(k+1)(k+2) - \frac{1}{3}(k-1)k(k+1)$$

$$= \frac{1}{3}k(k+1)\{(k+2)-(k-1)\}$$

$$= \frac{1}{3}k(k+1)\cdot 3$$

$$= k(k+1)$$

したがって，$k(k+1) = B_{k+1} - B_k$ を満たす数列 $\{B_k\}$ は

$$B_k = \frac{1}{3}(k-1)k(k+1)$$

(2) $\displaystyle\sum_{k=1}^{n} k(k+1) = \sum_{k=1}^{n}(B_{k+1} - B_k)$

$$= (B_2 - B_1) + (B_3 - B_2) + (B_4 - B_3) + \cdots + (B_{n+1} - B_n)$$

$$= B_{n+1} - B_1$$

$$= \frac{1}{3}n(n+1)(n+2) - \frac{1}{3}\cdot 0 \cdot 1 \cdot 2$$

$$= \frac{1}{3}n(n+1)(n+2)$$

考察3 $\displaystyle\sum_{k=1}^{n} k(k+1)(k+2)$ も考察1や考察2と同様の方法で求められない

だろうか。また，$\displaystyle\sum_{k=1}^{n} k(k+1)(k+2)(k+3)$ はどうだろうか。

解答 $C_n = \frac{1}{4}(n-1)n(n+1)(n+2)$ とおくと

$$C_{k+1} - C_k = \frac{1}{4}k(k+1)(k+2)(k+3) - \frac{1}{4}(k-1)k(k+1)(k+2)$$

$$= \frac{1}{4}k(k+1)(k+2)\{(k+3)-(k-1)\}$$

$$= \frac{1}{4}k(k+1)(k+2)\cdot 4$$

$$= k(k+1)(k+2)$$

また，$D_n = \frac{1}{5}(n-1)n(n+1)(n+2)(n+3)$ とおくと

$$D_{k+1} - D_k = \frac{1}{5}k(k+1)(k+2)(k+3)(k+4)$$

$$-\frac{1}{5}(k-1)k(k+1)(k+2)(k+3)$$

$$= \frac{1}{5}k(k+1)(k+2)(k+3)\{(k+4)-(k-1)\}$$

$$= \frac{1}{5}k(k+1)(k+2)(k+3)\cdot 5$$

$$= k(k+1)(k+2)(k+3)$$

したがって，これらの C_n, D_n を用いて，次のようにして和が求められる。

$$\sum_{k=1}^{n}k(k+1)(k+2) = \sum_{k=1}^{n}(C_{k+1}-C_k)$$

$$= C_{n+1} - C_1$$

$$= \frac{1}{4}n(n+1)(n+2)(n+3) - \frac{1}{4}\cdot 0 \cdot 1 \cdot 2 \cdot 3$$

$$= \frac{1}{4}n(n+1)(n+2)(n+3)$$

$$\sum_{k=1}^{n}k(k+1)(k+2)(k+3) = \sum_{k=1}^{n}(D_{k+1}-D_k)$$

$$= D_{n+1} - D_1$$

$$= \frac{1}{5}n(n+1)(n+2)(n+3)(n+4)$$

$$-\frac{1}{5}\cdot 0 \cdot 1 \cdot 2 \cdot 3 \cdot 4$$

$$= \frac{1}{5}n(n+1)(n+2)(n+3)(n+4)$$

連続する m 個の自然数の積を小さい方から順に n 個加えた和は，n から始まる連続する $(m+1)$ 個の自然数の積の $\dfrac{1}{m+1}$ 倍に等しい。

$$\sum_{k=1}^{n}k(k+1)(k+2) = \frac{1}{4}n(n+1)(n+2)(n+3)$$

└ 連続する m 個の自然数の積を小さい方から順に n 個加えた和

└ n から始まる連続する $(m+1)$ 個の自然数の積

└ $\dfrac{1}{m+1}$ 倍

2節 漸化式と数学的帰納法

1 | 漸化式

用語のまとめ

漸化式

• 数列において
  (1) 初項
  (2) 前の項から，その次に続く項を定める規則
の2つを与えて数列を定めることができる。
(2)の規則を式で表すとき，この式を **漸化式** という。

教 p.31

問1 数列 $\{a_n\}$ の隣り合う2つの項 a_n, a_{n+1} の間に次のような関係があるとき，初項から第5項までを求めよ。

(1) $a_1 = 6$, $a_{n+1} = a_n + 2$ $(n = 1, 2, 3, \cdots)$

(2) $a_1 = 1$, $a_{n+1} = 3a_n + 2$ $(n = 1, 2, 3, \cdots)$

考え方 第2項から第5項までは，漸化式の n に 1, 2, 3, 4 をそれぞれ代入して計算する。

解答 (1) 　　初項は　　$a_1 = 6$

　　　　第2項は　$a_2 = a_1 + 2 = 6 + 2 = 8$

　　　　第3項は　$a_3 = a_2 + 2 = 8 + 2 = 10$

　　　　第4項は　$a_4 = a_3 + 2 = 10 + 2 = 12$

　　　　第5項は　$a_5 = a_4 + 2 = 12 + 2 = 14$

　　よって，初項から第5項までは　　6, 8, 10, 12, 14

(2) 　　初項は　　$a_1 = 1$

　　　　第2項は　$a_2 = 3a_1 + 2 = 3 \cdot 1 + 2 = 5$

　　　　第3項は　$a_3 = 3a_2 + 2 = 3 \cdot 5 + 2 = 17$

　　　　第4項は　$a_4 = 3a_3 + 2 = 3 \cdot 17 + 2 = 53$

　　　　第5項は　$a_5 = 3a_4 + 2 = 3 \cdot 53 + 2 = 161$

　　よって，初項から第5項までは　　1, 5, 17, 53, 161

● **漸化式と一般項** ·· **解き方のポイント**

・$a_1 = a,\ a_{n+1} = a_n + d$ （$n = 1,\ 2,\ 3,\ \cdots$）で定められた数列 $\{u_n\}$ は
初項 a，公差 d の等差数列であるから　$a_n = a + (n-1)d$

・$a_1 = a,\ a_{n+1} = ra_n$　　　（$n = 1,\ 2,\ 3,\ \cdots$）で定められた数列 $\{a_n\}$ は
初項 a，公比 r の等比数列であるから　$a_n = ar^{n-1}$

・$a_1 = a,\ a_{n+1} = a_n + b_n$　（$n = 1,\ 2,\ 3,\ \cdots$）で定められた数列 $\{a_n\}$ は
階差数列が $\{b_n\}$ であるから，$n \geqq 2$ のとき　$a_n = a + \sum_{k=1}^{n-1} b_k$

教 p.32

問2　次のように定められた数列 $\{a_n\}$ の一般項を求めよ。

(1)　$a_1 = -3,\ a_{n+1} = a_n + 4$　（$n = 1,\ 2,\ 3,\ \cdots$）

(2)　$a_1 = 4,\ a_{n+1} = 2a_n$　（$n = 1,\ 2,\ 3,\ \cdots$）

考え方　(1)　$a_{n+1} - a_n = 4$ であるから，数列 $\{a_n\}$ は公差 4 の等差数列である。

(2)　$\dfrac{a_{n+1}}{a_n} = 2$ であるから，数列 $\{a_n\}$ は公比 2 の等比数列である。

解答　(1)　　$a_1 = -3,\ a_{n+1} = a_n + 4$　（$n = 1,\ 2,\ 3,\ \cdots$）
で定められた数列 $\{a_n\}$ は，初項 -3，公差 4 の等差数列であるから
一般項は　$a_n = -3 + (n-1) \cdot 4$
$$a_n = 4n - 7$$

(2)　　$a_1 = 4,\ a_{n+1} = 2a_n$　（$n = 1,\ 2,\ 3,\ \cdots$）
で定められた数列 $\{a_n\}$ は，初項 4，公比 2 の等比数列であるから
一般項は　$a_n = 4 \cdot 2^{n-1}$
$$a_n = 2^{n+1}$$

教 p.33

問3　次のように定められた数列 $\{a_n\}$ の一般項を求めよ。

(1)　$a_1 = 3,\ a_{n+1} = a_n + n^2 - n$　（$n = 1,\ 2,\ 3,\ \cdots$）

(2)　$a_1 = 2,\ a_{n+1} = a_n + 3^n$　（$n = 1,\ 2,\ 3,\ \cdots$）

考え方　$a_{n+1} - a_n$ を求めて，階差数列の一般項がどのような式で表されるか考える。

(1)　漸化式は，$a_{n+1} - a_n = n^2 - n$ と変形できる。これは，数列 $\{a_n\}$ の階差数列の一般項が $n^2 - n$ と表されることを示している。

(2)　$a_{n+1} - a_n = 3^n$ であるから，数列 $\{a_n\}$ の階差数列は等比数列である。

解答　(1)　漸化式より，すべての自然数 k について，次の式が成り立つ。
$$a_{k+1} - a_k = k^2 - k$$

よって，数列 $\{a_n\}$ の階差数列の第 k 項は k^2-k であるから
$n \geqq 2$ のとき

$$a_n = a_1 + \sum_{k=1}^{n-1}(k^2-k) = 3 + \sum_{k=1}^{n-1}k^2 - \sum_{k=1}^{n-1}k$$

$$= 3 + \frac{1}{6}(n-1)n(2n-1) - \frac{1}{2}(n-1)n$$

$$= \frac{1}{6}(2n^3 - 6n^2 + 4n + 18)$$

$$= \frac{1}{3}(n^3 - 3n^2 + 2n + 9)$$

$a_1 = 3$ であるから，$a_n = \frac{1}{3}(n^3 - 3n^2 + 2n + 9)$ は $n=1$ のときも成り立つ。

したがって，一般項は $\quad a_n = \frac{1}{3}(n^3 - 3n^2 + 2n + 9)$

(2) 漸化式より，すべての自然数 k について，次の式が成り立つ。

$$a_{k+1} - a_k = 3^k$$

よって，数列 $\{a_n\}$ の階差数列の第 k 項は 3^k であるから
$n \geqq 2$ のとき

$$a_n = a_1 + \sum_{k=1}^{n-1}3^k = 2 + \sum_{k=1}^{n-1}3 \cdot 3^{k-1}$$

$$= 2 + \frac{3(3^{n-1}-1)}{3-1} \quad \underleftarrow{\text{初項 3, 公比 3, 項数 } n-1 \text{ の}}_{\text{等比数列の和}}$$

$$= \frac{1}{2}(3^n + 1)$$

$a_1 = 2$ であるから，$a_n = \frac{1}{2}(3^n + 1)$ は $n=1$ のときも成り立つ。

したがって，一般項は $\quad a_n = \frac{1}{2}(3^n + 1)$

● $a_{n+1} = pa_n + q$ の形の漸化式 …… 解き方のポイント

$p,\ q$ が定数で $p \neq 1$ のとき，漸化式 $a_{n+1} = pa_n + q$ は，ある定数 α を用いて $a_{n+1} - \alpha = p(a_n - \alpha)$ と変形できる。数列 $\{a_n - \alpha\}$ は，公比 p の等比数列となる。

注意　$p \neq 1$ のとき，$\alpha = p\alpha + q$ を満たす α を用いて変形することができる。

1章

数列

教 p.34

問4 次のように定められた数列 $\{a_n\}$ の一般項を求めよ。

(1) $a_1 = 2$, $a_{n+1} = 2a_n + 3$ $(n = 1, 2, 3, \cdots)$

(2) $a_1 = 5$, $a_{n+1} = -2a_n + 12$ $(n = 1, 2, 3, \cdots)$

考え方 漸化式 $a_{n+1} = pa_n + q$ を，$a_{n+1} - \alpha = p(a_n - \alpha)$ と変形し，数列 $\{a_n - \alpha\}$ が公比 p の等比数列となることを利用して，一般項 a_n を求める。

α は，$\alpha = p\alpha + q$ を満たす解である。

解答 (1) 与えられた漸化式 $a_{n+1} = 2a_n + 3$ は，$\alpha = 2\alpha + 3$ を満たす解 $\alpha = -3$ を用いて，次のように変形される。

$$a_{n+1} - (-3) = 2\{a_n - (-3)\}$$
$$a_{n+1} + 3 = 2(a_n + 3)$$

$b_n = a_n + 3$ とおくと

$$b_{n+1} = 2b_n$$
$$b_1 = a_1 + 3 = 2 + 3 = 5$$

よって，数列 $\{b_n\}$ は初項 5，公比 2 の等比数列であるから

$$b_n = 5 \cdot 2^{n-1}$$

したがって $a_n = b_n - 3 = 5 \cdot 2^{n-1} - 3$

(2) 与えられた漸化式 $a_{n+1} = -2a_n + 12$ は，$\alpha = -2\alpha + 12$ を満たす解 $\alpha = 4$ を用いて，次のように変形される。

$$a_{n+1} - 4 = -2(a_n - 4)$$

$b_n = a_n - 4$ とおくと

$$b_{n+1} = -2b_n$$
$$b_1 = a_1 - 4 = 5 - 4 = 1$$

よって，数列 $\{b_n\}$ は初項 1，公比 -2 の等比数列であるから

$$b_n = 1 \cdot (-2)^{n-1} = (-2)^{n-1}$$

したがって $a_n = b_n + 4 = (-2)^{n-1} + 4$

教 p.35

問5 　平面上に n 本の直線があって，どの2本も平行でなく，また，どの3本も同一の点で交わらない。このとき，これらの直線の交点の総数 a_n を求めよ。

考え方 　問題の条件を満たす n 本の直線に加えて，$(n+1)$ 本目の直線を引くと，交点の総数は何個増えるかを考え，漸化式に表す。

解答 　n 本の直線の交点の総数を a_n とする。

まず，$n=1$ のとき，交点の数は0であるから 　　　$a_1 = 0$

ここで，$(n+1)$ 本目の直線を引くと，この $(n+1)$ 本目の直線は，すでにある n 本の直線とそれぞれ1点で交わり，交点の総数は n 個だけ増加する。

したがって

$$a_{n+1} = a_n + n \quad \cdots\cdots ①$$

数列 $\{a_n\}$ の階差数列を $\{b_n\}$ とすると，① より

$$b_n = a_{n+1} - a_n = n$$

したがって，$n \geqq 2$ のとき

$$a_n = a_1 + \sum_{k=1}^{n-1} b_k = 0 + \sum_{k=1}^{n-1} k$$

$$= \frac{1}{2}(n-1)n = \frac{1}{2}n(n-1)$$

$a_1 = 0$ であるから，$a_n = \frac{1}{2}n(n-1)$ は $n=1$ のときも成り立つ。

したがって，n 本の直線の交点の総数 a_n は

$$a_n = \frac{1}{2}n(n-1) \ (個)$$

4本

5本目

$n=4$ のとき
$a_5 = a_4 + 4$

2 | 数学的帰納法

● 数学的帰納法 .... **解き方のポイント**

自然数 n を用いて表された命題が，すべての自然数 n について成り立つこと
を証明するには，次の2つのことを証明すればよい。

〔1〕 $n=1$ のときこの命題が成り立つ。

〔2〕 $n=k$ のときこの命題が成り立つと仮定すると，
$n=k+1$ のときにもこの命題が成り立つ。

このような証明法を **数学的帰納法** という。

教 p.37

問6 n を自然数とするとき，数学的帰納法を用いて，次の等式を証明せよ。

(1) $1\cdot2+2\cdot3+3\cdot4+\cdots+n(n+1)=\dfrac{1}{3}n(n+1)(n+2)$

(2) $1^2+2^2+3^2+\cdots+n^2=\dfrac{1}{6}n(n+1)(2n+1)$

考え方 数学的帰納法を用いて等式を証明するには，次の手順で証明すればよい。

1 証明する等式を ① とする。

2 〔1〕 $n=1$ のとき ① が成り立つことを示す。

3 〔2〕 $n=k$ のとき ① が成り立つと仮定すると，① は $n=k+1$ のと
きにも成り立つことを示す。すなわち

・① で $n=k$ としたときの等式を ② とする。

・② の両辺に，左辺の第 $(k+1)$ 項を加える。

・このとき，右辺が，① の右辺で n を $k+1$ に置き換えた式に変
形できることを示す。

4 最後に，「〔1〕，〔2〕より，すべての自然数 n について ① が成り立つ。」
と書く。

証明 (1) この等式を ① とする。

〔1〕 $n=1$ のとき （左辺）$=1\cdot2=2$，（右辺）$=\dfrac{1}{3}\cdot1\cdot2\cdot3=2$

よって，① は $n=1$ のとき成り立つ。

〔2〕① が $n=k$ のとき成り立つ，すなわち

$$1\cdot2+2\cdot3+3\cdot4+\cdots+k(k+1)=\dfrac{1}{3}k(k+1)(k+2) \quad\cdots\cdots ②$$

と仮定する。

$n = k + 1$ のとき，① の左辺を ② を用いて変形すると

$$1 \cdot 2 + 2 \cdot 3 + 3 \cdot 4 + \cdots + k(k+1) + (k+1)(k+2)$$

$$= \frac{1}{3}k(k+1)(k+2) + (k+1)(k+2)$$

$$= \frac{1}{3}(k+1)(k+2)(k+3)$$

$$= \frac{1}{3}(k+1)\{(k+1)+1\}\{(k+1)+2\}$$

となり，① は $n = k + 1$ のときにも成り立つ。

〔1〕，〔2〕より，すべての自然数 n について ① が成り立つ。

(2) この等式を ① とする。

〔1〕 $n = 1$ のとき　　(左辺)$= 1^2 = 1$，　(右辺)$= \dfrac{1}{6} \cdot 1 \cdot 2 \cdot 3 = 1$

よって，① は $n = 1$ のとき成り立つ。

〔2〕 ① が $n = k$ のとき成り立つ，すなわち

$$1^2 + 2^2 + 3^2 + \cdots + k^2 = \frac{1}{6}k(k+1)(2k+1) \qquad \cdots\cdots ②$$

と仮定する。

$n = k + 1$ のとき，① の左辺を ② を用いて変形すると

$$1^2 + 2^2 + 3^2 + \cdots + k^2 + (k+1)^2$$

$$= \frac{1}{6}k(k+1)(2k+1) + (k+1)^2$$

$$= \frac{1}{6}(k+1)\{k(2k+1) + 6(k+1)\}$$

$$= \frac{1}{6}(k+1)(2k^2 + 7k + 6)$$

$$= \frac{1}{6}(k+1)(k+2)(2k+3)$$

$$= \frac{1}{6}(k+1)\{(k+1)+1\}\{2(k+1)+1\}$$

となり，① は $n = k + 1$ のときにも成り立つ。

〔1〕，〔2〕より，すべての自然数 n について ① が成り立つ。

1章

数列

プラス+ 数学的帰納法を使わずに証明することもできる。

(1) (2)を利用すると

$$1 \cdot 2 + 2 \cdot 3 + 3 \cdot 4 + \cdots + n(n+1)$$

$$= \sum_{k=1}^{n} k(k+1) = \sum_{k=1}^{n} k^2 + \sum_{k=1}^{n} k$$

$$= \frac{1}{6} n(n+1)(2n+1) + \frac{1}{2} n(n+1)$$

$$= \frac{1}{3} n(n+1)(n+2) \qquad \text{(教科書 p.22 の例 21 を参照)}$$

(2) 累乗の和の公式の1つである。(証明は教科書 p.20 を参照)

教 p.38

問7 n を3以上の自然数とするとき，次の不等式を証明せよ。

$$3^n > 8n$$

考え方 $n \geqq 3$ であるから，次の〔1〕，〔2〕を証明する。

〔1〕 $n = 3$ のとき不等式が成り立つ。

〔2〕 $n = k \ (k \geqq 3)$ のとき不等式が成り立つと仮定すると，$n = k+1$ の ときにも不等式が成り立つ。

証明 この不等式を① とする。

〔1〕 $n = 3$ のとき　　(左辺) $= 3^3 = 27$，(右辺) $= 8 \cdot 3 = 24$

ゆえに　　　　　　(左辺) $>$ (右辺)

よって，① は $n = 3$ のとき成り立つ。

〔2〕 $k \geqq 3$ とし，① が $n = k$ のとき成り立つ，すなわち

$$3^k > 8k \qquad \cdots\cdots ②$$

と仮定する。　　←── $3^{k+1} > 8(k+1)$ を示せばよい。

$n = k+1$ のとき，$3^{k+1} = 3 \cdot 3^k$ であるから，② より

$$3^{k+1} > 3 \cdot 8k$$

すなわち

$$3^{k+1} > 24k \qquad \cdots\cdots ③$$

ここで，$24k$ と $8(k+1)$ の大小を比較すると，$k \geqq 3$ であるから

$$24k - 8(k+1) = 8(2k-1) > 0$$

よって　　　　　　$24k > 8(k+1) \qquad \cdots\cdots ④$

③，④ より　　　　$3^{k+1} > 8(k+1)$

となり，① は $n = k+1$ のときにも成り立つ。

〔1〕，〔2〕より，3以上のすべての自然数 n について ① が成り立つ。

問8 n を自然数とするとき，$7^{2n}-1$ は 8 の倍数であることを，数学的帰納法を用いて証明せよ。

考え方 数学的帰納法を用いて命題を証明する。

n は自然数であるから，次の〔1〕，〔2〕を証明する。

〔1〕$n=1$ のとき命題が成り立つ。

〔2〕$n=k$ のとき命題が成り立つと仮定すると，$n=k+1$ のときにも命題が成り立つ。

8 の倍数であることを示すには，$8\times(整数)$ という形に表せばよい。

証明 命題「$7^{2n}-1$ は 8 の倍数である」を ① とする。

〔1〕$n=1$ のとき

$$7^2-1=48$$

よって，① は $n=1$ のとき成り立つ。

〔2〕$n=k$ のとき ① が成り立つ，すなわち，ある整数 m を用いて

$$7^{2k}-1=8m$$

と表されると仮定する。

$n=k+1$ のとき

$$7^{2(k+1)}-1=7^2\cdot 7^{2k}-1$$
$$=49\cdot 7^{2k}-1$$
$$=49(7^{2k}-1)+48$$
$$=49\cdot 8m+48$$
$$=8(49m+6)$$

$49m+6$ は整数であるから，$7^{2(k+1)}-1$ は 8 の倍数である。

よって，① は $n=k+1$ のときにも成り立つ。

〔1〕，〔2〕より，すべての自然数 n について ① が成り立つ。

教 p.40

問9 次のように定められた数列 $\{a_n\}$ の一般項を求めよ。

$$a_1 = \frac{1}{2}, \quad a_{n+1} = \frac{1}{2 - a_n} \quad (n = 1, 2, 3, \cdots)$$

考え方 まず，a_1 と漸化式から a_2, a_3, a_4, $\cdots$ を求めて，その規則性から a_n を推測し，この推測が正しいことを，数学的帰納法を用いて証明する。

解答 与えられた条件より

$$a_1 = \frac{1}{2}, \ a_2 = \frac{1}{2 - \frac{1}{2}} = \frac{2}{3}, \ a_3 = \frac{1}{2 - \frac{2}{3}} = \frac{3}{4}, \ a_4 = \frac{1}{2 - \frac{3}{4}} = \frac{4}{5}, \cdots$$

よって，一般項は $\quad a_n = \dfrac{n}{n+1} \quad \cdots\cdots ①$

となると推測できる。

この推測が正しいことを，数学的帰納法を用いて証明する。

〔1〕 $n = 1$ のときは，$a_1 = \dfrac{1}{2}$ となり ① は成り立つ。

〔2〕 $n = k$ のとき ① が成り立つ，すなわち

$$a_k = \frac{k}{k+1}$$

と仮定する。

$n = k+1$ のとき，与えられた漸化式より

$$a_{k+1} = \frac{1}{2 - a_k} = \frac{1}{2 - \dfrac{k}{k+1}} = \frac{k+1}{2(k+1) - k}$$

$$= \frac{k+1}{k+2} = \frac{k+1}{(k+1)+1}$$

したがって，① は $n = k+1$ のときにも成り立つ。

〔1〕，〔2〕より，すべての自然数 n について ① が成り立つ。

したがって，求める一般項は

$$a_n = \frac{n}{n+1}$$

問　題

教 p.41

10 次のように定められた数列 $\{a_n\}$ の一般項を求めよ。

(1) $a_1=3,\ a_{n+1}=a_n+2^{n-1}\quad(n=1,\ 2,\ 3,\ \cdots)$

(2) $a_1=1,\ 3a_{n+1}=2a_n+3\quad(n=1,\ 2,\ 3,\ \cdots)$

考え方 (1) この数列の階差数列の第 k 項は 2^{k-1} である。

(2) 漸化式 $3a_{n+1}=2a_n+3$ は，$3\alpha=2\alpha+3$ を満たす解 α を用いて，

$a_{n+1}-\alpha=\dfrac{2}{3}(a_n-\alpha)$ の形に変形される。

解　答 (1) 漸化式より，すべての自然数 k について，次の式が成り立つ。

$$a_{k+1}-a_k=2^{k-1}$$

よって，数列 $\{a_n\}$ の階差数列の第 k 項は 2^{k-1} であるから

$n\geqq 2$ のとき

$$a_n=a_1+\sum_{k=1}^{n-1}2^{k-1}=3+\underline{\sum_{k=1}^{n-1}2^{k-1}}$$

$$=3+\frac{1\cdot(2^{n-1}-1)}{2-1}$$

↑ 初項 1，公比 2，項数 $n-1$ の等比数列の和

$$=2^{n-1}+2$$

$a_1=3$ であるから，$a_n=2^{n-1}+2$ は $n=1$ のときも成り立つ。

したがって，一般項は　　$a_n=2^{n-1}+2$

(2) 与えられた漸化式 $3a_{n+1}=2a_n+3$ は，$3\alpha=2\alpha+3$ を満たす解 $\alpha=3$ を用いて，次のように変形される。

$$a_{n+1}-3=\frac{2}{3}(a_n-3)$$

$b_n=a_n-3$ とおくと

$$b_{n+1}=\frac{2}{3}b_n$$

$$b_1=a_1-3=1-3=-2$$

よって，数列 $\{b_n\}$ は初項 -2，公比 $\dfrac{2}{3}$ の等比数列であるから

$$b_n=-2\cdot\left(\frac{2}{3}\right)^{n-1}$$

したがって　　$a_n=3+b_n=3-2\cdot\left(\dfrac{2}{3}\right)^{n-1}$

11 $a_1 = 1$, $a_{n+1} = 2a_n - 3n$ $(n = 1, 2, 3, \cdots)$ で定められた数列 $\{a_n\}$ がある。

(1) $b_n = a_{n+1} - a_n$ とおくとき，b_{n+1} を b_n の式で表せ。

(2) 数列 $\{a_n\}$ の一般項を求めよ。

考え方 (1) 数列 $\{a_n\}$ の階差数列を $\{b_n\}$ として，その隣り合う項の関係を調べる。

$a_{n+1} = 2a_n - 3n$ より，$a_{n+2} = 2a_{n+1} - 3(n+1)$ である。

(2) $b_{n+1} = pb_n + q$ の形の漸化式から一般項 b_n を求め，最後に，階差数列 $\{b_n\}$ から一般項 a_n を求める公式 $a_n = a_1 + \sum_{k=1}^{n-1} b_k$ $(n \geq 2)$ を用いる。

解答 (1)
$$a_{n+1} = 2a_n - 3n \qquad \cdots\cdots ①$$
とする。① より
$$a_{n+2} = 2a_{n+1} - 3(n+1) \qquad \cdots\cdots ②$$
② から ① を引いて
$$a_{n+2} - a_{n+1} = 2(a_{n+1} - a_n) - 3$$
ここで，$b_n = a_{n+1} - a_n$ とおくと
$$b_{n+1} = 2b_n - 3$$

(2) (1) より，漸化式 $b_{n+1} = 2b_n - 3$ は，$\beta = 2\beta - 3$ を満たす解 $\beta = 3$ を用いて，次のように変形される。
$$b_{n+1} - 3 = 2(b_n - 3)$$
$c_n = b_n - 3$ とおくと
$$c_{n+1} = 2c_n$$
$$c_1 = b_1 - 3 = (a_2 - a_1) - 3 = (2a_1 - 3\cdot1) - a_1 - 3$$
$$= a_1 - 6 = 1 - 6 = -5$$
したがって，数列 $\{c_n\}$ は初項 -5，公比 2 の等比数列であるから
$$c_n = -5 \cdot 2^{n-1}$$
すなわち $b_n = c_n + 3 = -5 \cdot 2^{n-1} + 3$

よって，数列 $\{a_n\}$ の階差数列の第 k 項は $-5 \cdot 2^{k-1} + 3$ であるから $n \geq 2$ のとき
$$a_n = a_1 + \sum_{k=1}^{n-1} b_k = 1 + \sum_{k=1}^{n-1} (-5 \cdot 2^{k-1} + 3)$$
$$= 1 - 5 \cdot \frac{1 \cdot (2^{n-1} - 1)}{2 - 1} + 3(n-1)$$
$$= -5 \cdot 2^{n-1} + 3n + 3$$

$a_1 = 1$ であるから，$a_n = -5 \cdot 2^{n-1} + 3n + 3$ は $n = 1$ のときも成り立つ。

したがって，一般項は $a_n = -5 \cdot 2^{n-1} + 3n + 3$

12 円周上の異なる n 個の点を頂点とする n 角形の対角線の本数を a_n とする。ただし，n は 4 以上の自然数とする。

(1) a_4 を求めよ。

(2) a_{n+1} を a_n の式で表せ。

(3) a_n を求めよ。

考え方 (1) a_4 は，四角形の対角線の本数である。

(2) 頂点の数が 1 個増えると対角線が何本増えるかを，n 角形と頂点の数が 1 個増えた $(n+1)$ 角形で考える。

(3) (2)で求めた漸化式から a_n を求める。

解 答 (1) 四角形の対角線は 2 本であるから　$a_4 = 2$

(2) n 角形の頂点を順に A_1，A_2，$\cdots$，A_n とする。ここで，もう 1 個の頂点 A_{n+1} を弧 $A_n A_1$ 上にとると $(n+1)$ 角形となる。このとき，新たに引かれる対角線は $A_2 A_{n+1}$，$A_3 A_{n+1}$，$\cdots$，$A_{n-1}A_{n+1}$ であり，また辺 $A_1 A_{n+1}$，$A_n A_{n+1}$ が引かれることにより，辺であった $A_1 A_n$ が新たに対角線となる。すなわち，対角線は $(n-1)$ 本だけ増加するから

$$a_{n+1} = a_n + n - 1$$

(3) $a_{n+1} = a_n + n - 1$ より　$a_{n+1} - a_n = n - 1$

したがって，$n \geqq 5$ のとき

$$a_n = a_4 + \sum_{k=4}^{n-1}(k-1)$$

$$= 2 + \sum_{k=1}^{n-1}(k-1) - \sum_{k=1}^{3}(k-1)$$

$$= 2 + \sum_{k=1}^{n-1}k - \sum_{k=1}^{n-1}1 - 3$$

$$= 2 + \frac{1}{2}(n-1)n - (n-1) - 3$$

$$= \frac{1}{2}n^2 - \frac{3}{2}n$$

$$= \frac{1}{2}n(n-3)$$

$a_4 = 2$ であるから，$a_n = \dfrac{1}{2}n(n-3)$ は $n = 4$ のときも成り立つ。

したがって　$a_n = \dfrac{1}{2}n(n-3)$

1章

数列

13 n を自然数とするとき，数学的帰納法を用いて，次の等式を証明せよ。

$$\frac{1}{1\cdot 3}+\frac{1}{3\cdot 5}+\frac{1}{5\cdot 7}+\cdots+\frac{1}{(2n-1)(2n+1)}=\frac{n}{2n+1}$$

考え方 $n=k$ のとき，$\dfrac{1}{1\cdot 3}+\dfrac{1}{3\cdot 5}+\cdots+\dfrac{1}{(2k-1)(2k+1)}=\dfrac{k}{2k+1}$ が成り立

つと仮定し，両辺に $\dfrac{1}{(2k+1)(2k+3)}$ を加えると，右辺が $\dfrac{k+1}{2(k+1)+1}$

となることを示せば，$n=k+1$ のときも成り立つことが証明できる。

証明 この等式を ① とする。

〔1〕$n=1$ のとき　(左辺)$=\dfrac{1}{1\cdot 3}=\dfrac{1}{3}$, (右辺)$=\dfrac{1}{2\cdot 1+1}=\dfrac{1}{3}$

　　　よって，① は $n=1$ のとき成り立つ。

〔2〕① が $n=k$ のとき成り立つ，すなわち

$$\frac{1}{1\cdot 3}+\frac{1}{3\cdot 5}+\cdots+\frac{1}{(2k-1)(2k+1)}=\frac{k}{2k+1} \qquad \cdots\cdots ②$$

　　　と仮定する。

　　　$n=k+1$ のとき，① の左辺を ② を用いて変形すると

$$\frac{1}{1\cdot 3}+\frac{1}{3\cdot 5}+\cdots+\frac{1}{(2k-1)(2k+1)}+\frac{1}{(2k+1)(2k+3)}$$

$$=\frac{k}{2k+1}+\frac{1}{(2k+1)(2k+3)}=\frac{k(2k+3)+1}{(2k+1)(2k+3)}$$

$$=\frac{2k^2+3k+1}{(2k+1)(2k+3)}=\frac{(2k+1)(k+1)}{(2k+1)(2k+3)}$$

$$=\frac{k+1}{2k+3}=\frac{k+1}{2(k+1)+1}$$

　　　となり，① は $n=k+1$ のときにも成り立つ。

〔1〕，〔2〕より，すべての自然数 n について ① が成り立つ。

14 n を 4 以上の自然数とするとき，次の不等式を証明せよ。

$$2^n \geqq n^2$$

考え方 $n\geqq 4$ であるから，次の 〔1〕，〔2〕を証明する。

〔1〕$n=4$ のとき不等式が成り立つ。

〔2〕$n=k$ $(k\geqq 4)$ のとき不等式が成り立つと仮定すると，$n=k+1$ の

　　　ときにも不等式が成り立つ。

証明 この不等式を ① とする。

〔1〕$n=4$ のとき　(左辺)$=2^4=16$, (右辺)$=4^2=16$

　　　ゆえに　　　　(左辺)$=$(右辺)

よって，① は $n = 4$ のとき成り立つ。

〔2〕$k \geqq 4$ とし，① が $n = k$ のとき成り立つ，すなわち

$$2^k \geqq k^2 \qquad \cdots\cdots ②$$

と仮定する。

$n = k + 1$ のとき，$2^{k+1} = 2 \cdot 2^k$ であるから，② より

$$2^{k+1} \geqq 2 \cdot k^2$$

すなわち

$$2^{k+1} \geqq 2k^2 \qquad \cdots\cdots ③$$

ここで，$2k^2$ と $(k+1)^2$ の大小を比較すると，$k \geqq 4$ であるから

$$2k^2 - (k+1)^2 = k^2 - 2k - 1 = (k-1)^2 - 2 > 0$$

よって $\qquad 2k^2 > (k+1)^2 \qquad \cdots\cdots ④$

③，④ より $\quad 2^{k+1} > (k+1)^2$

となり，① は $n = k + 1$ のときにも成り立つ。

〔1〕，〔2〕より，4 以上のすべての自然数 n について ① が成り立つ。

---

15 n を自然数とするとき，$8^n - 7n - 1$ は 49 の倍数であることを，数学的帰納法を用いて証明せよ。

考え方 $n = k$ のとき成り立つ，すなわち $8^k - 7k - 1$ が 49 の倍数であると仮定すると，m を整数として，$8^k - 7k - 1 = 49m$ と表すことができる。この等式を利用して，$n = k + 1$ のときにも 49 の倍数になることを示す。

証明 命題「$8^n - 7n - 1$ は 49 の倍数である」を ① とする。

〔1〕 $n = 1$ のとき

$$8^1 - 7 \cdot 1 - 1 = 0$$

よって，① は $n = 1$ のとき成り立つ。

〔2〕 $n = k$ のとき ① が成り立つ，すなわち，ある整数 m を用いて

$$8^k - 7k - 1 = 49m$$

と表されると仮定する。

$n = k + 1$ のとき

$$
\begin{aligned}
&8^{k+1} - 7(k+1) - 1 \\
&= 8 \cdot 8^k - 7k - 8 \\
&= 8(49m + 7k + 1) - 7k - 8 \\
&= 49(8m + k)
\end{aligned}
$$

$\left.\begin{array}{l} 8^k - 7k - 1 = 49m \text{ より} \\ 8^k = 49m + 7k + 1 \end{array}\right.$

$8m + k$ は整数であるから，$8^{k+1} - 7(k+1) - 1$ は 49 の倍数である。

よって，① は $n = k + 1$ のときにも成り立つ。

〔1〕，〔2〕より，すべての自然数 n について ① が成り立つ。

16 n を 3 以上の自然数とするとき，n 角形の内角の
和は $(n-2)\cdot 180°$ である。このことが，円周上
の異なる n 個の点を頂点とする n 角形について
成り立つことを，数学的帰納法を用いて証明せよ。
ただし，三角形の内角の和が $180°$ であることは
用いてよい。

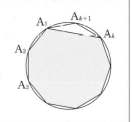

考え方 k 角形と $(k+1)$ 角形では内角の和は何度増加するかを，$(k+1)$ 角形を k
角形と三角形に分けて考える。

証明 命題「円周上の異なる n 個の点を頂点とする n 角形の内角の和は $(n-2)\cdot 180°$
である」を ① とする。

〔1〕 $n=3$ のとき

三角形の内角の和は $180°$ であるから，① は成り立つ。

〔2〕 $k \geqq 3$ とし，① が $n=k$ のとき成り立つ，すなわち

「円周上の異なる k 個の点を頂点とする k 角形の内角の和は
$(k-2)\cdot 180°$ である」

と仮定する。

$n=k+1$ のとき
円周上の異なる $(k+1)$ 個の点 A_1，A_2，$\cdots$，
A_k，A_{k+1} を頂点とする $(k+1)$ 角形は，
A_1，A_2，$\cdots$，A_k を頂点とする k 角形と
三角形 $A_k A_{k+1} A_1$ に分割できるから，内
角の和はそれぞれの内角の和を加えて

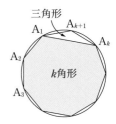

$$(k-2)\cdot 180° + 180° = (k-1)\cdot 180°$$
$$= \{(k+1)-2\}\cdot 180°$$

よって，① は $n=k+1$ のときにも成り立つ。

〔1〕，〔2〕より，3 以上のすべての自然数 n について ① が成り立つ。

探究 数列の漸化式の様々な見方 教 p.42

教 p.42

考察1 $\alpha = 10\alpha + 1$ を満たす α を用いて，数列 $\{a_n\}$ の一般項を求めてみよう。

考え方 漸化式 $a_1 = 1$, $a_{n+1} = 10a_n + 1$ で定められる数列 $\{a_n\}$ について，その一般項を様々な方法で求めることを考える。ここでは，α についての方程式 $\alpha = 10\alpha + 1$ を解いて α の値を求め，漸化式を変形する。

解答 漸化式 $a_{n+1} = 10a_n + 1$ は，$\alpha = 10\alpha + 1$ の解 $\alpha = -\dfrac{1}{9}$ を用いて，次のように変形される。

$$a_{n+1} + \frac{1}{9} = 10\left(a_n + \frac{1}{9}\right)$$

$d_n = a_n + \dfrac{1}{9}$ とおくと

$$d_{n+1} = 10d_n$$

$$d_1 = a_1 + \frac{1}{9} = \frac{10}{9}$$

よって，数列 $\{d_n\}$ は初項 $\dfrac{10}{9}$，公比 10 の等比数列であるから

$$d_n = \frac{10}{9} \cdot 10^{n-1} = \frac{10^n}{9}$$

したがって，数列 $\{a_n\}$ の一般項は $a_n = d_n - \dfrac{1}{9} = \dfrac{1}{9}(10^n - 1)$

考察2 $b_n = a_{n+1} - a_n$ とおくとき，漸化式 $a_{n+1} = 10a_n + 1$ から数列 $\{b_n\}$ の漸化式を導いてみよう。また，その漸化式を用いて数列 $\{b_n\}$ の一般項を求めることにより，数列 $\{a_n\}$ の一般項を求めてみよう。

考え方 a_{n+1}, a_{n+2} を考え，辺々を引いて数列 $\{b_n\}$ の漸化式を求める。

解答
$$a_{n+1} = 10a_n + 1 \qquad \cdots\cdots ①$$
$$a_{n+2} = 10a_{n+1} + 1 \qquad \cdots\cdots ②$$

であるから，②から①を引いて
$$a_{n+2} - a_{n+1} = 10a_{n+1} - 10a_n = 10(a_{n+1} - a_n)$$

よって，$b_n = a_{n+1} - a_n$ とおくと
$$b_{n+1} = 10b_n$$
$$b_1 = a_2 - a_1 = 11 - 1 = 10$$

よって，数列 $\{b_n\}$ は初項 10，公比 10 の等比数列であるから

$$b_n = 10 \cdot 10^{n-1}$$

よって，$n \geqq 2$ のとき

$$a_n = a_1 + \sum_{k=1}^{n-1} b_k$$

$$= 1 + \sum_{k=1}^{n-1} 10 \cdot 10^{k-1}$$

$$= 1 + \frac{10(10^{n-1} - 1)}{10 - 1}$$

$$= 1 + \frac{10^n - 10}{9}$$

$$= \frac{1}{9}(10^n - 1)$$

$a_1 = 1$ であるから，$a_n = \dfrac{1}{9}(10^n - 1)$ は $n = 1$ のときも成り立つ。

したがって，数列 $\{a_n\}$ の一般項は　　$a_n = \dfrac{1}{9}(10^n - 1)$

考察3　$c_n = \dfrac{a_n}{10^n}$ とおくとき，数列 $\{c_n\}$ の漸化式を求めてみよう。また，その漸化式を用いて数列 $\{c_n\}$ の一般項を求めることにより，数列 $\{a_n\}$ の一般項を求めてみよう。

考え方　$c_{n+1} = \dfrac{a_{n+1}}{10^{n+1}}$ であることから，教科書 p.42 の 22 行目の式を用いて数列 $\{c_n\}$ の漸化式を求める。

解答
$$c_{n+1} = \frac{a_{n+1}}{10^{n+1}} = \frac{a_n}{10^n} + \frac{1}{10^{n+1}}$$

であるから

$$c_{n+1} = c_n + \frac{1}{10^{n+1}}$$

よって，数列 $\{c_n\}$ の漸化式は

$$c_{n+1} - c_n = \frac{1}{10^{n+1}}$$

$e_n = c_{n+1} - c_n$ とおくと

$$e_n = \frac{1}{10^{n+1}} = \frac{1}{10^2} \cdot \frac{1}{10^{n-1}} = \frac{1}{100} \cdot \left(\frac{1}{10}\right)^{n-1}$$

よって，数列 $\{e_n\}$ は初項 $\dfrac{1}{100}$，公比 $\dfrac{1}{10}$ の等比数列であるから，$n \geqq 2$ のとき

$$c_n = c_1 + \sum_{k=1}^{n-1} e_k$$

$$= c_1 + \underline{\sum_{k=1}^{n-1}\left\{\frac{1}{100}\cdot\left(\frac{1}{10}\right)^{k-1}\right\}} \quad \longleftarrow \text{初項 } \frac{1}{100},\ \text{公比 } \frac{1}{10},\ \text{項数 } n-1 \text{ の}$$

等比数列の和

$$= \frac{1}{10} + \frac{\dfrac{1}{100}\left\{1-\left(\dfrac{1}{10}\right)^{n-1}\right\}}{1-\dfrac{1}{10}}$$

$$= \frac{1}{10} + \frac{1}{90}\left(1-\frac{1}{10^{n-1}}\right)$$

$$= \frac{1}{9} - \frac{1}{9\cdot 10^n}$$

$$= \frac{1}{9}\left(1-\frac{1}{10^n}\right)$$

$c_1 = \dfrac{1}{10}$ であるから，$c_n = \dfrac{1}{9}\left(1-\dfrac{1}{10^n}\right)$ は $n=1$ のときも成り立つ。

したがって，数列 $\{a_n\}$ の一般項は

$$a_n = c_n \cdot 10^n = \frac{1}{9}\left(1-\frac{1}{10^n}\right)\cdot 10^n = \frac{1}{9}(10^n - 1)$$

 c_n は小数で表すと 0.1，0.11，0.111，0.1111，…と続く数列である。

フィボナッチ数列　　　　　　　　　　　教 p.43

用語のまとめ

フィボナッチ数列

- $a_n = a_{n-1} + a_{n-2}$ の関係を満たす数列で，特に，$a_1 = 1$，$a_2 = 1$ である数列をフィボナッチ数列という。

- フィボナッチ数列において，隣り合う 2 つの項の比の値 $\dfrac{1}{1}$，$\dfrac{2}{1}$，$\dfrac{3}{2}$，$\dfrac{5}{3}$，$\dfrac{8}{5}$，…は $\dfrac{1+\sqrt{5}}{2} \fallingdotseq 1.618$ に限りなく近づくことが知られており，この値を黄金比という。

練 習 問 題 A　　　教 p.44

1 初項が 13 で，初項から第 3 項までの和と，初項から第 11 項までの和とが等しい等差数列がある。この数列の公差を求めよ。

考え方 この等差数列の公差を d とし，等差数列の和の公式を用いて d の値を求める。

解答 この等差数列の公差を d とすると，初項から第 3 項までの和と，初項から第 11 項までの和が等しいことから

$$\frac{1}{2}\cdot 3\cdot\{2\cdot 13+(3-1)\cdot d\}=\frac{1}{2}\cdot 11\cdot\{2\cdot 13+(11-1)\cdot d\}$$

$$3(26+2d)=11(26+10d)$$

$$104d=-208$$

$$d=-2$$

2 ある等差数列の初めの 10 項の和が 100，次の 10 項の和が 200 であるという。その次の 10 項の和を求めよ。

考え方 等差数列の和 S_n の公式を用いて，まず，初項と公差を求め，そして，その次の 10 項の和，すなわち，$S_{30}-S_{20}$ を求めればよい。

解答 この等差数列の初項を a，公差を d，初項から第 n 項までの和を S_n とすると，初めの 10 項の和が 100 であるから

$$S_{10}=\frac{1}{2}\cdot 10\cdot\{2a+(10-1)d\}=100$$

$$2a+9d=20 \quad\cdots\cdots①$$

次の 10 項の和が 200 であるから

$$S_{20}-S_{10}=200$$

$$S_{20}=300$$

すなわち，初めの 20 項の和が 300 であるから

$$S_{20}=\frac{1}{2}\cdot 20\cdot\{2a+(20-1)d\}=300$$

$$2a+19d=30 \quad\cdots\cdots②$$

②−① より

$$10d=10$$

$$d=1$$

これを ① に代入すると　$2a+9\cdot 1=20$

$$a=\frac{11}{2}$$

よって，求めるその次の 10 項の和は

$$S_{30}-S_{20}=S_{30}-300$$
$$=\frac{1}{2}\cdot 30\cdot\left\{2\cdot\frac{11}{2}+(30-1)\cdot 1\right\}-300$$
$$=600-300$$
$$=300$$

3 2 つの数列 $\{a_n\}$，$\{b_n\}$ の一般項がそれぞれ $a_n=9n-8$，$b_n=6n+1$ であるとき，この 2 つの数列に共通に含まれる項を小さい方から順に並べてできる数列 $\{c_n\}$ の一般項を求めよ。また，この数列の初項から第 10 項までの和を求めよ。

考え方 $a_l=b_m$ のとき，数列 $\{c_n\}$ の第 n 項が，数列 $\{a_n\}$ または数列 $\{b_n\}$ のどちらでもよいから第何項に一致するかを導く。

解答 l，m を自然数とし，$a_l=b_m$ とすると　$9l-8=6m+1$

よって　$9(l-1)=6m$

$3(l-1)=2m$

2 と 3 は互いに素で，$l-1\geqq 0$，$m\geqq 1$ であるから

$l-1=2k$，$m=3k$（k は自然数）

と表される。

よって，数列 $\{c_n\}$ の第 n 項は数列 $\{b_n\}$ の第 $3n$ 項に一致する。

したがって　$c_n=6\cdot 3n+1=18n+1$

また，数列 $\{c_n\}$ は等差数列であるから，初項から第 10 項までの和を S_{10} とすると

$c_1=18\cdot 1+1=19$，$c_{10}=18\cdot 10+1=181$

であるから

$$S_{10}=\frac{1}{2}\cdot 10\cdot(c_1+c_{10})=5\cdot(19+181)=1000$$

注意 数列 $\{c_n\}$ の第 n 項は数列 $\{a_n\}$ の第 $(2n+1)$ 項に一致する。これを用いても　$c_n=9(2n+1)-8=18n+1$　を求めることができる。

プラス＋ 2 つの等差数列を書き並べて数列 $\{c_n\}$ を求めることもできる。

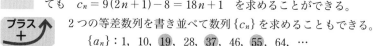

$\{a_n\}$：1，10，19，28，37，46，55，64，…

$\{b_n\}$：7，13，19，25，31，37，43，49，55，…

したがって，求める数列 $\{c_n\}$ は

19，37，55，…

であり，初項 19 の等差数列となる。

公差は 2 つの数列の公差 9，6 の最小公倍数 18 であるから

$c_n=19+(n-1)\cdot 18=18n+1$

となる。

4 等比数列をなす3つの数 1, r, r^2 を並べかえると等差数列になった。このとき，r の値を求めよ。ただし，$r < 0$ とする。

考え方 3つの数 a, b, c がこの順に等差数列をなすときは，$2b = a + c$ という関係が成り立つ。1, r, r^2 を並べかえ，上の関係式を満たす $r < 0$ となる r の値を求める。

解答 $r < 0$ であるから，1, r, r^2 を小さい順に並べると

(i)　r, 1, r^2

(ii)　r, r^2, 1

の2通りの場合がある。

(i)　r, 1, r^2 がこの順に等差数列をなすとき
$$2 \cdot 1 = r + r^2$$
$$r^2 + r - 2 = 0$$
$$(r-1)(r+2) = 0$$
$$r = 1, \ -2$$
$r < 0$ より　　$r = -2$

(ii)　r, r^2, 1 がこの順に等差数列をなすとき
$$2r^2 = r + 1$$
$$2r^2 - r - 1 = 0$$
$$(r-1)(2r+1) = 0$$
$$r = 1, \ -\frac{1}{2}$$
$r < 0$ より　　$r = -\frac{1}{2}$

したがって，(i)，(ii)より　$r = -2, \ -\frac{1}{2}$

5 次の和を求めよ。

(1) $1 \cdot n + 2(n-1) + 3(n-2) + \cdots + (n-1) \cdot 2 + n \cdot 1$

(2) $1 + \dfrac{1}{1+2} + \dfrac{1}{1+2+3} + \cdots + \dfrac{1}{1+2+3+\cdots+n}$

考え方 (1)　一般項 a_k を k についての式で表し，和を記号 Σ を使って表す。

(2)　まず，一般項を分数の形で表し，$\dfrac{1}{k(k+1)} = \dfrac{1}{k} - \dfrac{1}{k+1}$ を利用する。

解答 (1) $1 \cdot n + 2(n-1) + 3(n-2) + \cdots + (n-1) \cdot 2 + n \cdot 1$

$$= \sum_{k=1}^{n} k\{n-(k-1)\}$$

$$= \sum_{k=1}^{n} \{(n+1)k - k^2\}$$

$$= (n+1)\sum_{k=1}^{n} k - \sum_{k=1}^{n} k^2$$

$$= (n+1) \cdot \frac{1}{2}n(n+1) - \frac{1}{6}n(n+1)(2n+1)$$

$$= \frac{1}{6}n(n+1)\{3(n+1)-(2n+1)\}$$

$$= \frac{1}{6}n(n+1)(n+2)$$

(2) この数列の第 k 項は

$$\frac{1}{1+2+3+\cdots+k} = \frac{1}{\dfrac{k(k+1)}{2}} = \frac{2}{k(k+1)}$$

と表されるから

$$1 + \frac{1}{1+2} + \frac{1}{1+2+3} + \cdots + \frac{1}{1+2+3+\cdots+n}$$

$$= \sum_{k=1}^{n} \frac{2}{k(k+1)}$$

$$= 2\sum_{k=1}^{n} \frac{1}{k(k+1)}$$

$$= 2\sum_{k=1}^{n} \left(\frac{1}{k} - \frac{1}{k+1}\right)$$

$$= 2\left\{\left(1-\frac{1}{2}\right)+\left(\frac{1}{2}-\frac{1}{3}\right)+\left(\frac{1}{3}-\frac{1}{4}\right)+\cdots+\left(\frac{1}{n}-\frac{1}{n+1}\right)\right\}$$

$$= 2\left(1-\frac{1}{n+1}\right) = \frac{2n}{n+1}$$

6 次の和 S_n を求めよ。

$$S_n = 2 \cdot 3 + 4 \cdot 3^2 + 6 \cdot 3^3 + 8 \cdot 3^4 + \cdots + 2n \cdot 3^n$$

考え方 各項は，等差数列 $2,\ 4,\ 6,\ 8,\ \cdots,\ 2n$ と，公比 3 の等比数列 $3,\ 3^2,\ 3^3,$ $3^4,\ \cdots,\ 3^n$ のそれぞれの項どうしの積になっている。

解答 $\qquad S_n = 2 \cdot 3 + 4 \cdot 3^2 + 6 \cdot 3^3 + \cdots + 2n \cdot 3^n$ ……①

① の両辺に 3 を掛けると

$\qquad 3S_n = \qquad 2 \cdot 3^2 + 4 \cdot 3^3 + \cdots + (2n-2) \cdot 3^n + 2n \cdot 3^{n+1}$ ……②

1章

数列

① から ② を引いて

$$-2S_n = 2(3 + 3^2 + 3^3 + \cdots + 3^n) - 2n \cdot 3^{n+1}$$

$$= 2 \cdot \frac{3(3^n - 1)}{3 - 1} - 2n \cdot 3^{n+1}$$

$$= 3^{n+1} - 3 - 2n \cdot 3^{n+1}$$

$$= -(2n - 1) \cdot 3^{n+1} - 3$$

したがって $\quad S_n = \dfrac{3}{2}\{(2n-1)\cdot 3^n + 1\}$

---

7 n を 2 以上の自然数とするとき，次の不等式を証明せよ。

$$\frac{1}{1^2} + \frac{1}{2^2} + \frac{1}{3^2} + \cdots + \frac{1}{n^2} < 2 - \frac{1}{n}$$

考え方 $n \geqq 2$ であるから，〔1〕として，$n = 2$ のとき成り立つことを示す。〔2〕では，$2 - \dfrac{1}{k} + \dfrac{1}{(k+1)^2}$ と $2 - \dfrac{1}{k+1}$ の大小を比較する。

証明 この不等式を ① とする。

〔1〕 $n = 2$ のとき $\quad$ (左辺) $= \dfrac{1}{1^2} + \dfrac{1}{2^2} = \dfrac{5}{4}$, (右辺) $= 2 - \dfrac{1}{2} = \dfrac{3}{2}$

ゆえに $\quad$ (左辺) $<$ (右辺)

よって，① は $n = 2$ のとき成り立つ。

〔2〕 $k \geqq 2$ とし，① が $n = k$ のとき成り立つ，すなわち

$$\frac{1}{1^2} + \frac{1}{2^2} + \frac{1}{3^2} + \cdots + \frac{1}{k^2} < 2 - \frac{1}{k} \qquad \cdots\cdots ②$$

と仮定する。

$n = k+1$ のとき，② の両辺に $\dfrac{1}{(k+1)^2}$ を足すと

$$\frac{1}{1^2} + \frac{1}{2^2} + \frac{1}{3^2} + \cdots + \frac{1}{k^2} + \frac{1}{(k+1)^2} < 2 - \frac{1}{k} + \frac{1}{(k+1)^2} \quad \cdots\cdots ③$$

ここで，$2 - \dfrac{1}{k} + \dfrac{1}{(k+1)^2}$ と $2 - \dfrac{1}{k+1}$ の大小を比較すると，$k \geqq 2$ であるから

$$\left\{2 - \frac{1}{k} + \frac{1}{(k+1)^2}\right\} - \left(2 - \frac{1}{k+1}\right)$$

$$= \frac{1}{(k+1)^2} + \frac{1}{k+1} - \frac{1}{k}$$

$$= \frac{k + k(k+1) - (k+1)^2}{k(k+1)^2}$$

$$= -\frac{1}{k(k+1)^2} < 0$$

よって $2 - \dfrac{1}{k} + \dfrac{1}{(k+1)^2} < 2 - \dfrac{1}{k+1}$ ……④

③, ④ より

$$\dfrac{1}{1^2} + \dfrac{1}{2^2} + \dfrac{1}{3^2} + \cdots + \dfrac{1}{k^2} + \dfrac{1}{(k+1)^2} < 2 - \dfrac{1}{k+1}$$

となり, ① は $n = k+1$ のときにも成り立つ。

〔1〕, 〔2〕より, 2 以上のすべての自然数 n について ① が成り立つ。

プラス + 次のようにして証明することもできる。

$n \geq 2$ のとき

$$\dfrac{1}{1^2} + \dfrac{1}{2^2} + \dfrac{1}{3^2} + \cdots + \dfrac{1}{n^2} < 1 + \dfrac{1}{1 \cdot 2} + \dfrac{1}{2 \cdot 3} + \cdots + \dfrac{1}{(n-1)n}$$

$$= 1 + \left(\dfrac{1}{1} - \dfrac{1}{2} \right) + \left(\dfrac{1}{2} - \dfrac{1}{3} \right) + \cdots$$

$$+ \left(\dfrac{1}{n-1} - \dfrac{1}{n} \right)$$

$$= 1 + 1 - \dfrac{1}{n}$$

$$= 2 - \dfrac{1}{n}$$

---

8 数列 $1,\ 1+2+1,\ 1+2+3+2+1,\ 1+2+3+4+3+2+1,\ \cdots,$
$1+2+\cdots+(n-1)+n+(n-1)+\cdots+2+1,\ \cdots$ がある。

(1) この数列の各項を順次計算することにより, 一般項を推測せよ。

(2) 数学的帰納法を用いて, (1)で推測した式が正しいことを証明せよ。

考え方 (1) 数列の各項を計算すると, 順に 1, 4, 9, 16, … となる。

解答 (1) この数列を $\{a_n\}$ とし, 各項を順次計算すると

1, 4, 9, 16, …

よって, 一般項は $a_n = n^2$ ……①

となると推測できる。

(2) (1)の推測が正しいことを, 数学的帰納法を用いて証明する。

〔1〕 $n = 1$ のときは, $a_1 = 1$ となり ① は成り立つ。

〔2〕 $n = k$ のとき ① が成り立つ, すなわち

$$a_k = k^2$$

と仮定する。

$n = k+1$ のとき, 数列 $\{a_n\}$ から

$$a_{k+1}$$
$$= 1 + 2 + \cdots + (k-1) + k + (k+1) + k + (k-1) + \cdots + 2 + 1$$
$$= a_k + (k+1) + k$$

$$= k^2 + 2k + 1 = (k+1)^2$$

したがって，① は $n = k+1$ のときにも成り立つ。

〔1〕，〔2〕より，すべての自然数 n について ① が成り立つことから，一般項は $a_n = n^2$ となる。

練 習 問 題 B　　教 p.45

9 -5 と 15 の間に n 個の数を並べて，初項 -5，末項 15 の等差数列をつくる。この等差数列の総和が 100 となるとき，n の値を求めよ。

考え方 -5 と 15 の間に n 個の数を並べて等差数列をつくると，項数は $n+2$ で，初項は -5，末項は 15 である。等差数列の和の公式を用いる。

解答 この等差数列は初項が -5，末項が 15，項数が $n+2$ であり，その総和が 100 であるから

$$\frac{1}{2} \cdot (n+2) \cdot (-5+15) = 100$$
$$n + 2 = 20$$

よって　　　　$n = 18$

10 $4, a, b$ および $b, c, 64$ がこの順でそれぞれ等比数列となり，a, b, c がこの順で等差数列になるようにしたい。a, b, c の値を求めよ。

考え方 0 でない 3 つの数 a, b, c がこの順に等比数列となるときは，$b^2 = ac$ という関係が成り立つ。また，3 つの数 a, b, c がこの順に等差数列となるときは，$2b = a+c$ という関係が成り立つ。

解答 2 つの等比数列の条件より，$a \neq 0, b \neq 0, c \neq 0$ である。

$4, a, b$ および $b, c, 64$ がこの順で等比数列となるから

$$a^2 = 4b \qquad \cdots\cdots ①$$
$$c^2 = 64b \qquad \cdots\cdots ②$$

また，a, b, c がこの順で等差数列となるから

$$2b = a + c \qquad \cdots\cdots ③$$

①，② から b を消去すると　$16a^2 = c^2$

よって　$c = \pm 4a$

(i) $c = 4a$ のとき

$c = 4a$ を ③ に代入して　$2b = 5a$ 　　$\cdots\cdots ④$

①，④ を連立させて解くと　$a^2 = 10a$

$a \neq 0$ より　$a = 10, b = 25, c = 40$

(ii) $c = -4a$ のとき

$c = -4a$ を ③ に代入して $2b = -3a$ ……⑤

①, ⑤ を連立させて解くと $a^2 = -6a$

$a \neq 0$ より $a = -6,\ b = 9,\ c = 24$

(i), (ii) より $a = 10,\ b = 25,\ c = 40$ または $a = -6,\ b = 9,\ c = 24$

---

11 $\dfrac{1}{k(k+1)} - \dfrac{1}{(k+1)(k+2)}$ を計算せよ。

また，その結果を利用して，次の和を求めよ。

$$\sum_{k=1}^{n} \frac{1}{k(k+1)(k+2)}$$

考え方 計算の結果を利用すると，数列の各項は 2 つの分数の差の形に分解できる。

解答 $$\frac{1}{k(k+1)} - \frac{1}{(k+1)(k+2)} = \frac{k+2-k}{k(k+1)(k+2)} = \frac{2}{k(k+1)(k+2)}$$

この結果を利用すると

$$\sum_{k=1}^{n} \frac{1}{k(k+1)(k+2)}$$

$$= \sum_{k=1}^{n} \frac{1}{2} \cdot \frac{2}{k(k+1)(k+2)}$$

$$= \sum_{k=1}^{n} \frac{1}{2} \left\{ \frac{1}{k(k+1)} - \frac{1}{(k+1)(k+2)} \right\}$$

$$= \frac{1}{2}\left(\frac{1}{1 \cdot 2} - \frac{1}{2 \cdot 3} \right) + \frac{1}{2}\left(\frac{1}{2 \cdot 3} - \frac{1}{3 \cdot 4} \right) + \frac{1}{2}\left(\frac{1}{3 \cdot 4} - \frac{1}{4 \cdot 5} \right) + \cdots$$

$$\cdots + \frac{1}{2}\left\{ \frac{1}{n(n+1)} - \frac{1}{(n+1)(n+2)} \right\}$$

$$= \frac{1}{2}\left\{ \frac{1}{2} - \frac{1}{(n+1)(n+2)} \right\}$$

$$= \frac{n(n+3)}{4(n+1)(n+2)}$$

---

12 数列 $\dfrac{1}{3},\ \dfrac{2}{3},\ \dfrac{1}{4},\ \dfrac{2}{4},\ \dfrac{3}{4},\ \dfrac{1}{5},\ \dfrac{2}{5},\ \dfrac{3}{5},\ \dfrac{4}{5},\ \dfrac{1}{6},\ \cdots$

について，次の問に答えよ。

(1) $\dfrac{1}{17}$ は，この数列の第何項か。

(2) この数列の第 200 項は何か。

考え方 数列を，分母が同じ分数ごとに群に分けて考える。

第 1 群は分母が 3 の分数が 2 個，第 2 群は分母が 4 の分数が 3 個，第 3 群

は分母が 5 の分数が 4 個, …であり, 分子はそれぞれ 1 から始まる自然数である。

解答 数列を次のような群に分ける。

$$\frac{1}{3}, \frac{2}{3} \mid \frac{1}{4}, \frac{2}{4}, \frac{3}{4} \mid \frac{1}{5}, \frac{2}{5}, \frac{3}{5}, \frac{4}{5} \mid \frac{1}{6}, \cdots$$

第1群　　　第2群　　　　第3群　　　　　第4群

第 k 群は $(k+1)$ 個の項を含み, 分母は $k+2$, 分子は 1, 2, …, $k+1$ である。

(1) $\frac{1}{17}$ は, 分母が 17 であるから第 15 群にあり, その 1 番目の項である。

第 1 群から第 14 群までに含まれる項の総数は

$$2+3+4+\cdots+15 = \frac{1}{2} \cdot 14 \cdot (2+15) = 119$$

したがって, $\frac{1}{17}$ は, この数列の **第 120 項** である。

(2) 第 200 項が第 n 群に含まれるとすると

$$2+3+4+\cdots+n < 200 \leqq 2+3+4+\cdots+(n+1)$$

$$\frac{1}{2}(n-1)(n+2) < 200 \leqq \frac{1}{2}n(n+3)$$

この不等式を満たす自然数 n は

$$\frac{1}{2} \cdot 18 \cdot 21 = 189, \quad \frac{1}{2} \cdot 19 \cdot 22 = 209 \text{ より} \qquad n = 19$$

第 18 群の最後の項が第 189 項であるから, $200 - 189 = 11$ より, 第 200 項は, 第 19 群の 11 番目の項である。

したがって $\quad \frac{11}{21}$

---

13 $a_1 = 5$, $a_{n+1} = \dfrac{a_n}{2a_n + 3}$ $(n = 1, 2, 3, \cdots)$ で定められた数列 $\{a_n\}$ がある。

(1) $b_n = \dfrac{1}{a_n}$ とおくとき, b_{n+1} を b_n の式で表せ。

(2) 数列 $\{a_n\}$ の一般項を求めよ。

考え方 (1) 与えられた漸化式の逆数を考える。

(2) 数列 $\{b_n\}$ は, $b_{n+1} = pb_n + q$ の形の漸化式で定められるから, $\alpha = p\alpha + q$ を満たす解 α を用いて, $b_{n+1} - \alpha = p(b_n - \alpha)$ に変形する。

解答 (1) $a_{n+1} = \dfrac{a_n}{2a_n + 3}$ であるから, ある n について $a_{n+1} = 0$ であるとすると $\quad a_n = 0$

これを繰り返すと，$a_1 = 0$ となり，$a_1 = 5$ に反する。

よって，すべての n に対して，$a_n \neq 0$ となる。

これより，$a_{n+1} = \dfrac{a_n}{2a_n + 3}$ の両辺の逆数をとると

$$\frac{1}{a_{n+1}} = \frac{2a_n + 3}{a_n} = 2 + \frac{3}{a_n} = 3 \cdot \frac{1}{a_n} + 2$$

よって，$b_n = \dfrac{1}{a_n}$ とおくと　$b_{n+1} = 3b_n + 2$

(2) $\alpha = 3\alpha + 2$ の解 $\alpha = -1$ を用いて，$b_{n+1} = 3b_n + 2$ は次のように変形される。

$$b_{n+1} + 1 = 3(b_n + 1)$$

$c_n = b_n + 1$ とおくと

$$c_{n+1} = 3c_n$$

$$c_1 = b_1 + 1 = \frac{1}{a_1} + 1 = \frac{1}{5} + 1 = \frac{6}{5}$$

よって，数列 $\{c_n\}$ は初項 $\dfrac{6}{5}$，公比 3 の等比数列であるから

$$c_n = \frac{6}{5} \cdot 3^{n-1} = \frac{2}{5} \cdot 3^n$$

よって　$b_n = c_n - 1 = \dfrac{2}{5} \cdot 3^n - 1 = \dfrac{2 \cdot 3^n - 5}{5}$

したがって　$a_n = \dfrac{1}{b_n} = \dfrac{5}{2 \cdot 3^n - 5}$

---

14 数列 $\{a_n\}$ の初項から第 n 項までの和 S_n が $S_n = 2a_n + 1$ で表されるとき，この数列の一般項を求めよ。

考え方 $a_1 = S_1$ であることと，$n \geqq 2$ のとき，$a_n = S_n - S_{n-1}$ という関係が成り立つことを用いて，一般項 a_n を求める。

解答 $S_n = 2a_n + 1$ より　$S_1 = 2a_1 + 1$　……①

また　　　　　　　　　$a_1 = S_1$　　　……②

①，②より　　　　　　$a_1 = -1$　　　……③

$n \geqq 2$ のとき　　　$a_n = S_n - S_{n-1}$

$$= (2a_n + 1) - (2a_{n-1} + 1)$$

$$= 2a_n - 2a_{n-1}$$

よって　　　　　　　　$a_n = 2a_{n-1}$　　　……④

③，④より，数列 $\{a_n\}$ は初項 -1，公比 2 の等比数列であるから

$$a_n = -1 \cdot 2^{n-1} = -2^{n-1}$$

15 平面上に n 個の円があって，どの 2 つの円も異なる 2 点で交わり，また，どの 3 つの円も同一の点で交わっていない。このとき，これらの円によって平面はいくつの部分に分けられているか。

考え方 n 個の円で分けられる平面の部分の個数を a_n とし，数列 $\{a_n\}$ についての漸化式をつくる。円が 1 個増えると分けられる部分が何個増えるかを，交点の個数をもとに考える。

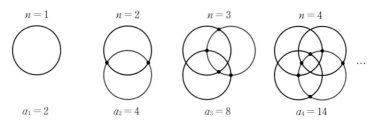

解答 $n = 1$ のとき，1 個の円が平面を 2 つの部分に分けるから

$$a_1 = 2 \quad \cdots\cdots ①$$

問題の条件を満たす n 個の円に加えて，さらに $(n+1)$ 個目の円をかく。この $(n+1)$ 個目の円は，もとからある n 個の円それぞれと 2 個の交点で交わり，これら合計 $2n$ 個の点によって，$(n+1)$ 個目の円は $2n$ 個の弧に分けられる。この $2n$ 個の弧が新しい境界線となり，分けられる平面の部分の数は $2n$ 個だけ増加する。

よって $\qquad a_{n+1} = a_n + 2n$

すなわち $\qquad a_{n+1} - a_n = 2n \quad \cdots\cdots ②$

①，② より，$n \geqq 2$ のとき

$$\begin{aligned}
a_n &= a_1 + \sum_{k=1}^{n-1} 2k \\
&= 2 + 2\sum_{k=1}^{n-1} k \\
&= 2 + 2 \cdot \frac{1}{2}(n-1)n \\
&= n^2 - n + 2
\end{aligned}$$

$a_1 = 2$ であるから，$a_n = n^2 - n + 2$ は $n = 1$ のときも成り立つ。

したがって，平面は $(n^2 - n + 2)$ 個 の部分に分けられている。

発展

3 項間の漸化式 $a_{n+2} = pa_{n+1} + qa_n$ 教 p.46-47

● 3 項間の漸化式 ‥‥‥‥‥‥‥‥‥‥‥‥‥‥‥‥‥‥‥ **解き方のポイント**

$a_1 = a$, $a_2 = b$, $a_{n+2} = pa_{n+1} + qa_n$ $(n = 1, 2, 3, \cdots)$

で定められた数列 $\{a_n\}$ の漸化式は，$x^2 = px + q$ の 2 つの異なる実数解 α, β を用いて

$$\begin{cases} a_{n+2} - \alpha a_{n+1} = \beta(a_{n+1} - \alpha a_n) \\ a_{n+2} - \beta a_{n+1} = \alpha(a_{n+1} - \beta a_n) \end{cases}$$

と変形できる。これをもとに，数列 $\{a_n\}$ の一般項を求めると，$\alpha \neq \beta$ であるから

$$a_n = \frac{\beta^{n-1}(b - \alpha a)}{\beta - \alpha} - \frac{\alpha^{n-1}(b - \beta a)}{\beta - \alpha}$$

教 p.47

問1 次のように定められた数列 $\{a_n\}$ の一般項を求めよ。

(1) $a_1 = 1$, $a_2 = 3$, $a_{n+2} = 3a_{n+1} - 2a_n$ $(n = 1, 2, 3, \cdots)$

(2) $a_1 = 2$, $a_2 = 1$, $a_{n+2} = a_{n+1} + 6a_n$ $(n = 1, 2, 3, \cdots)$

考え方 漸化式 $a_{n+2} = pa_{n+1} + qa_n$ を，$x^2 = px + q = 0$ の異なる実数解 α, β を用いて次の 2 通りに変形する。

$$\begin{cases} a_{n+2} - \alpha a_{n+1} = \beta(a_{n+1} - \alpha a_n) \\ a_{n+2} - \beta a_{n+1} = \alpha(a_{n+1} - \beta a_n) \end{cases}$$

ここで

数列 $\{a_{n+1} - \alpha a_n\}$ は，初項 $a_2 - \alpha a_1$，公比 β

数列 $\{a_{n+1} - \beta a_n\}$ は，初項 $a_2 - \beta a_1$，公比 α

の等比数列であるから，その一般項を求め，この 2 つの一般項から a_{n+1} を消去すると，一般項 a_n が求められる。

解答 (1) 漸化式 $a_{n+2} = 3a_{n+1} - 2a_n$ は，2 次方程式 $x^2 = 3x - 2$ を満たす解 $x = 1$, 2 を用いて

$$a_{n+2} - a_{n+1} = 2(a_{n+1} - a_n) \qquad \cdots\cdots ①$$

$$a_{n+2} - 2a_{n+1} = a_{n+1} - 2a_n \qquad \cdots\cdots ②$$

と変形される。

① より，数列 $\{a_{n+1} - a_n\}$ は公比 2 の等比数列であるから

$$a_{n+1} - a_n = 2^{n-1}(a_2 - a_1)$$
$$= 2^{n-1}(3 - 1) = 2 \cdot 2^{n-1} = 2^n$$

すなわち $\qquad a_{n+1} - a_n = 2^n \qquad \cdots\cdots ③$

② より，数列 $\{a_{n+1}-2a_n\}$ は公比 1 の等比数列であるから

$$a_{n+1}-2a_n = 1^{n-1}(a_2-2a_1)$$
$$= 1^{n-1}(3-2\cdot1) = 1$$

すなわち　　$a_{n+1}-2a_n = 1$　　　　　……④

よって，③ から ④ を引いて

$$a_n = 2^n - 1$$

(2) 漸化式 $a_{n+2} = a_{n+1}+6a_n$ は，2 次方程式 $x^2 = x+6$ を満たす解 $x=-2$, 3 を用いて

$$a_{n+2}+2a_{n+1} = 3(a_{n+1}+2a_n)　　　　……①$$
$$a_{n+2}-3a_{n+1} = -2(a_{n+1}-3a_n)　　　　……②$$

と変形される。

① より，数列 $\{a_{n+1}+2a_n\}$ は公比 3 の等比数列であるから

$$a_{n+1}+2a_n = 3^{n-1}(a_2+2a_1) = 3^{n-1}(1+2\cdot2) = 5\cdot3^{n-1}$$

すなわち　　$a_{n+1}+2a_n = 5\cdot3^{n-1}$　　　　……③

② より，数列 $\{a_{n+1}-3a_n\}$ は公比 -2 の等比数列であるから

$$a_{n+1}-3a_n = (-2)^{n-1}(a_2-3a_1)$$
$$= (-2)^{n-1}(1-3\cdot2) = -5\cdot(-2)^{n-1}$$

すなわち　　$a_{n+1}-3a_n = -5\cdot(-2)^{n-1}$　　……④

よって，③ から ④ を引いて両辺を 5 で割ると

$$a_n = 3^{n-1}+(-2)^{n-1}$$

3 項間の漸化式 $a_{n+2} = pa_{n+1}+qa_n$ の一般項を表す式

$$a_n = \frac{\beta^{n-1}(b-\alpha a)}{\beta-\alpha} - \frac{\alpha^{n-1}(b-\beta a)}{\beta-\alpha}$$

を利用すると

(1) $a=a_1=1$, $b=a_2=3$, $\alpha=1$, $\beta=2$ であるから

$$a_n = \frac{2^{n-1}(3-1\cdot1)}{2-1} - \frac{1^{n-1}(3-2\cdot1)}{2-1}$$
$$= 2^{n-1}\cdot2 - 1^{n-1}\cdot1$$
$$= 2^n - 1$$

(2) $a=a_1=2$, $b=a_2=1$, $\alpha=-2$, $\beta=3$ であるから

$$a_n = \frac{3^{n-1}\{1-(-2)\cdot2\}}{3-(-2)} - \frac{(-2)^{n-1}(1-3\cdot2)}{3-(-2)}$$
$$= \frac{3^{n-1}\cdot5}{5} - \frac{(-2)^{n-1}\cdot(-5)}{5}$$
$$= 3^{n-1}+(-2)^{n-1}$$

参考　　　　　　　確率と漸化式　　　　　　教 p.48

問1　1個のさいころを n 回投げるとき，2以下の目が奇数回出る確率 p_n を求めよ。

考え方　1個のさいころを $(n+1)$ 回投げるときに2以下の目が奇数回出る事象は，n 回投げたときに2以下の目が奇数回出て，$(n+1)$ 回目は3以上の目が出る事象と，n 回投げたときに2以下の目が偶数回出て，$(n+1)$ 回目は2以下の目が出る事象の和事象である。

このことから，確率 p_n，p_{n+1} の漸化式をつくる。

解答　1個のさいころを $(n+1)$ 回投げるとき，2以下の目が奇数回出る事象は，

① n 回投げたとき，2以下の目が奇数回出て，$(n+1)$ 回目は3以上の目が出る

② n 回投げたとき，2以下の目が偶数回出て，$(n+1)$ 回目は2以下の目が出る

の和事象であり，これらの事象は互いに排反である。

事象①，②の起こる確率は，それぞれ $\frac{2}{3}p_n$，$\frac{1}{3}(1-p_n)$ であるから

$$p_{n+1} = \frac{2}{3}p_n + \frac{1}{3}(1-p_n)$$

すなわち　$p_{n+1} = \frac{1}{3}p_n + \frac{1}{3}$　……③

漸化式③は $\alpha = \frac{1}{3}\alpha + \frac{1}{3}$ の解 $\alpha = \frac{1}{2}$ を用いて，次のように変形される。

$$p_{n+1} - \frac{1}{2} = \frac{1}{3}\left(p_n - \frac{1}{2}\right)$$

$q_n = p_n - \frac{1}{2}$ とおくと　$q_{n+1} = \frac{1}{3}q_n$

$p_1 = \frac{1}{3}$ より　$q_1 = p_1 - \frac{1}{2} = -\frac{1}{6}$

よって，数列 $\{q_n\}$ は初項 $-\frac{1}{6}$，公比 $\frac{1}{3}$ の等比数列であるから

$$q_n = -\frac{1}{6}\cdot\left(\frac{1}{3}\right)^{n-1} = -\frac{1}{2}\cdot\frac{1}{3}\cdot\left(\frac{1}{3}\right)^{n-1} = -\frac{1}{2}\cdot\left(\frac{1}{3}\right)^n$$

したがって　$p_n = q_n + \frac{1}{2} = -\frac{1}{2}\cdot\left(\frac{1}{3}\right)^n + \frac{1}{2}$

発展　　　　　　　連立漸化式　　　　　　教 p.49

> **問 1** 次のように定められた数列 $\{a_n\}$, $\{b_n\}$ がある。
>
> $$a_1 = 4, \quad b_1 = -1, \quad a_{n+1} = 4a_n - 2b_n, \quad b_{n+1} = -a_n + 3b_n$$
>
> $$(n = 1,\ 2,\ 3,\ \cdots)$$
>
> (1) $a_{n+1} + \alpha b_{n+1} = \beta(a_n + \alpha b_n)$ がすべての n について成り立つような定数 α, β の値を求めよ。
>
> (2) 数列 $\{a_n\}$, $\{b_n\}$ の一般項を求めよ。

考え方 (1) $a_{n+1} + \alpha b_{n+1} = \beta(a_n + \alpha b_n)$ に $a_{n+1} = 4a_n - 2b_n$, $b_{n+1} = -a_n + 3b_n$ を代入すると

$$(-\alpha + 4)a_n + (3\alpha - 2)b_n = \beta a_n + \alpha\beta b_n$$

となるから、恒等式の性質より連立方程式を導く。

(2) α, β の値を $a_{n+1} + \alpha b_{n+1} = \beta(a_n + \alpha b_n)$ に代入し、まず数列 $\{a_n + \alpha b_n\}$ の一般項を求める。

解 答 (1) $a_{n+1} = 4a_n - 2b_n$, $b_{n+1} = -a_n + 3b_n$ を $a_{n+1} + \alpha b_{n+1}$ に代入すると

$$a_{n+1} + \alpha b_{n+1} = (4a_n - 2b_n) + \alpha(-a_n + 3b_n)$$
$$= (-\alpha + 4)a_n + (3\alpha - 2)b_n$$

よって、$a_{n+1} + \alpha b_{n+1} = \beta(a_n + \alpha b_n)$ がすべての n について成り立つためには

$$\begin{cases} \beta = -\alpha + 4 & \cdots\cdots ① \\ \alpha\beta = 3\alpha - 2 & \cdots\cdots ② \end{cases}$$

であればよい。

① を ② に代入して

$$\alpha(-\alpha + 4) = 3\alpha - 2$$
$$\alpha^2 - \alpha - 2 = 0$$
$$(\alpha - 2)(\alpha + 1) = 0$$
$$\alpha = 2,\ -1$$

① より　　　　　$\alpha = 2$ のとき　　$\beta = 2$

　　　　　　　　　$\alpha = -1$ のとき　$\beta = 5$

よって、$a_{n+1} + \alpha b_{n+1} = \beta(a_n + \alpha b_n)$ がすべての n について成り立つときの定数 α, β の値は

$$\alpha = 2,\ \beta = 2 \quad \text{または} \quad \alpha = -1,\ \beta = 5$$

(2)　(1) より

$$a_{n+1} + 2b_{n+1} = 2(a_n + 2b_n) \quad \cdots\cdots ③$$

$$a_{n+1} - b_{n+1} = 5(a_n - b_n) \quad \cdots\cdots ④$$

③ より，数列 $\{a_n + 2b_n\}$ は公比 2 の等比数列であるから

$$\begin{aligned}
a_n + 2b_n &= 2^{n-1}(a_1 + 2b_1) \\
&= 2^{n-1}\{4 + 2\cdot(-1)\} \\
&= 2^{n-1}\cdot 2 = 2^n
\end{aligned}$$

すなわち　$a_n + 2b_n = 2^n \quad \cdots\cdots ⑤$

④ より，数列 $\{a_n - b_n\}$ は公比 5 の等比数列であるから

$$\begin{aligned}
a_n - b_n &= 5^{n-1}(a_1 - b_1) \\
&= 5^{n-1}\{4 - (-1)\} \\
&= 5^{n-1}\cdot 5 = 5^n
\end{aligned}$$

すなわち　$a_n - b_n = 5^n \quad \cdots\cdots ⑥$

⑤ $+ 2 \times$ ⑥ より

$$3a_n = 2^n + 2\cdot 5^n$$

$$a_n = \frac{2^n + 2\cdot 5^n}{3}$$

⑤ $-$ ⑥ より

$$3b_n = 2^n - 5^n$$

$$b_n = \frac{2^n - 5^n}{3}$$

活用　複利法とローンの返済　教 p.50

> **考察 1**　10 万円を年利率 2％で預けると，10 年後の元利合計はいくらにな
> るだろうか。ただし，$1.02^{10} = 1.22$ とする。

考え方　元利合計は，どのような数列で表されるか考える。

解答　複利法によれば，1 年後，2 年後，3 年後，…の元利合計は，それぞれ
$$a(1+r),\ a(1+r)^2,\ a(1+r)^3,\ \cdots$$
という等比数列で表される。

したがって，複利法により 10 万円を年利率 2％で預けると，10 年後の元
利合計は
$$100000 \cdot (1+0.02)^{10} = 100000 \cdot 1.02^{10} = 122000\ (円)$$
となる。

> **考察 2**　(1)　k 年後の残高 y は $a,\ r,\ k,\ x$ を用いてどのように表されるだ
> ろうか。等比数列の和の公式を用いて求めてみよう。
> (2)　n 年後の残高が 0 円になることが，ちょうど n 年後に借り入れた
> 金額を返済し終えることを意味する。このことから x を $a,\ r,\ n$
> を用いて表してみよう。

考え方　(1)　k 年後の元利合計は，その前年の残高に $(1+r)$ を掛けた金額である。
(2)　(1)で求めた式が 0 になるときの x の値を求める。

解答　(1)　3 年後の元利合計は，(2年後の残高)×$(1+r)$ であるから
$$a(1+r)^3 - x(1+r)^2 - x(1+r)\ (円)$$
である。したがって，3 年後の残高は
$$a(1+r)^3 - x(1+r)^2 - x(1+r) - x\ (円)$$
となる。k 年後の残高 y を同様に考えると
$$y = a(1+r)^k - x(1+r)^{k-1} - x(1+r)^{k-2} - \cdots$$
$$- x(1+r)^2 - x(1+r) - x$$
$$= a(1+r)^k - \{x + x(1+r) + x(1+r)^2 + \cdots$$
$$+ x(1+r)^{k-2} + x(1+r)^{k-1}\}$$
中括弧の中は，初項 x，公比 $1+r$，項数 k の等比数列の和であるから
$$y = a(1+r)^k - \frac{x\{(1+r)^k - 1\}}{(1+r) - 1}$$
すなわち
$$y = a(1+r)^k - \frac{x\{(1+r)^k - 1\}}{r}$$

(2) n 年後に残高が 0 円になるとすると，(1)で求めた式より

$$a(1+r)^n - \frac{x\{(1+r)^n-1\}}{r} = 0$$

すなわち

$$a(1+r)^n = \frac{x\{(1+r)^n-1\}}{r}$$

したがって

$$x = \frac{ar(1+r)^n}{(1+r)^n-1}$$

2章 統計的な推測

関連する既習内容

順列と組合せ

・n 個のものから r 個とった順列の総数は
$$_n\mathrm{P}_r = n(n-1)(n-2)\cdots(n-r+1)$$

・n 個のものから r 個とった組合せの総数は
$$_n\mathrm{C}_r = \frac{_n\mathrm{P}_r}{r!}$$
$$= \frac{n(n-1)(n-2)\cdots(n-r+1)}{r(r-1)(r-2)\cdots 3\cdot 2\cdot 1}$$

事象 A の確率

・ある試行で起こり得るすべての結果が N 通りで，そのおのおのは同様に確からしいとする。
　そのうち事象 A が起こる場合が a 通りのとき
$$P(A) = \frac{a}{N}$$
$$= \frac{\text{事象 } A \text{ の起こる場合の数}}{\text{起こり得るすべての場合の数}}$$

確率の加法定理

・A と B が排反事象であるとき
$$P(A \cup B) = P(A) + P(B)$$

余事象の確率

・$P(\overline{A}) = 1 - P(A)$

独立な試行の確率

・2つの試行 S と T が独立であるとき S で事象 A が起こり，T で事象 B が起こる確率は
$$P(A) \times P(B)$$

反復試行の確率

・1回の試行で事象 A が起こる確率を p とする。この試行を n 回くり返すとき，ちょうど r 回だけ A が起こる確率は
$$_n\mathrm{C}_r \times p^r \times (1-p)^{n-r}$$
$$(r = 0, 1, 2, \cdots, n)$$
ただし，$p^0 = 1$, $(1-p)^0 = 1$ とする。

1節 標本調査

1 | 母集団と標本

―― 用語のまとめ ――

標本調査と母集団

- 対象とする集団の全部のものを調べる調査を **全数調査** という。
- 対象とする集団全体の中から一部を抜き出して調べる調査を **標本調査** という。
- 標本調査の場合，対象とする集団全体を **母集団** という。母集団から選び出された一部を **標本** といい，標本を選び出すことを **抽出** という。
- 母集団に属する個々のものを **個体** といい，個体の総数を **母集団の大きさ** という。標本に含まれる個体の個数を **標本の大きさ** という。

標本の抽出

- 標本が母集団から公平に選び出されるように，すなわち，母集団の各個体が同じ確率で抽出されるように行う抽出法を **無作為抽出** といい，母集団から無作為に抽出された標本を **無作為標本** という。
- 母集団から大きさ n の標本を抽出する場合，1個の個体を抽出するたびにもとに戻し，この操作を n 回繰り返して選び出すことを **復元抽出** という。これに対して，もとに戻さないで n 回続けて選び出すことを **非復元抽出** という。

教 p.52

__問 1__　次の調査は全数調査，標本調査のどちらか。

(1) あるテレビ番組の視聴率調査

(2) 国勢調査

(3) 工場が自社製品の蛍光灯について行う寿命調査

考え方　全数調査は多くの時間，費用，労力がかかることがある。また，工場で造られた製品の良否を調べるのに，製品を壊さなければ検査できないことがある。このようなときには標本調査を行う。

解 答　(1)　全数調査するには，多くの時間，費用，労力がかかるから　　**標本調査**

(2)　対象とする集団全部のものを調べるから　　**全数調査**

(3)　製品を使えなくなるまで検査するから　　**標本調査**

教 p.54

問2 白球と黒球が同じ個数ずつ入った箱から 1 個の球を取り出し，色を調べてからもとに戻す。これを 30 回繰り返すとき，白球がちょうど n 個取り出される確率を，n を用いた式で表せ。

考え方 箱から 1 個の球を取り出すとき，白球を取り出す確率は $\dfrac{1}{2}$ である。

反復試行の確率を用いて表す。

解答 箱の中の白球と黒球の個数は等しいから，1 個の球を取り出すとき，白球である確率は $\dfrac{1}{2}$ である。

したがって，求める確率は

$$_{30}\mathrm{C}_n \left(\frac{1}{2}\right)^n \left(\frac{1}{2}\right)^{30-n} = {}_{30}\mathrm{C}_n \left(\frac{1}{2}\right)^{30} \quad (n = 0,\ 1,\ \cdots,\ 30)$$

教 p.55

問3 ある工場では，生産する食パン 1 斤あたりの重さの基準を 350g としている。以前の定期検査から，生産した食パン全体のうち，350g 以上のものと 350g より軽いものが半分ずつであると考えられている。

(1) 生産した食パン全体から 30 個の無作為標本を抽出するとき，350g 以上のものは何個含まれる確率が最も高いと考えられるか。

(2) 実際に 30 個を無作為抽出したところ，350g 以上のものが 8 個であった。この結果から，どのようなことが推測できるか。

考え方 350g 以上のものと 350g より軽いものが同じ個数で，その中から 30 個の無作為標本を抽出するから，教科書 p.54 のグラフをもとに考えることができる。

解答 (1) 教科書 p.54 のグラフを利用すると，15 個含まれる確率が最も高いと考えられる。

(2) 教科書 p.54 のグラフを利用すると，30 個の無作為標本において，350g 以上の食パンが 30 個中 8 個となる確率はかなり低い。よって，**母集団において 350g 以上のものと 350g より軽いものが同数である可能性は低い** と推測することができる。

2 章

統計的な推測

参考

無作為抽出の方法　　　　教 p.55

用語のまとめ

無作為抽出

- 調査結果に影響すると考えられる性質によって母集団をいくつかの組に分け，それぞれの組について無作為抽出を行う方法を，**層化抽出法** という。
- 大規模な調査では，母集団をあらかじめいくつかの組に分け，そこから複数の組を無作為抽出し，抽出した組において全数調査を行う **クラスター抽出法** や，抽出した組においてさらに無作為抽出を行う **2段抽出法** を用いることで，標本抽出の省力化を図ることがある。
- これらの方法に対して，母集団のすべての要素から等確率に標本を抽出する方法を **単純無作為抽出法** という。

教 p.56

問1　次の①，②の標本抽出は，それぞれ何という抽出の方法か。

① 日本の高校生の睡眠時間を調査するために，全国の高校からいくつかの高校を無作為抽出し，それらの高校の全生徒を標本とした。

② 市内の高校生の運動習慣を調査するために，まず運動部に所属している生徒 X と所属していない生徒 Y を分け，標本における X と Y の人数比が母集団とそろうようにそれぞれから無作為抽出した。

解答

① 無作為抽出した高校において全数調査を行っているから

　　クラスター抽出法

② 母集団をいくつかの組に分け，それぞれの組について無作為抽出を行っているから

　　層化抽出法

教 p.56

問2　総務省統計局が行っている，家計調査などの実際の統計調査において，どのような標本抽出の方法が用いられているか調べよ。

解答　家計調査においては，「**層化3段抽出法**」とよばれる方法が用いられている。

2 章

統計的な推測

2節 確率分布

1 | 確率変数と確率分布

用語のまとめ

確率変数

- 試行の結果によってその値が定まる変数を **確率変数** という。

  確率変数は，X，Y，Z などの大文字で表すことが多い。また，$X = a$ となる確率を $P(X = a)$，$a \leqq X \leqq b$ となる確率を $P(a \leqq X \leqq b)$ のように表す。

確率分布

- 確率変数のとり得る値と，その値をとる確率との対応を示したものを，その確率変数の **確率分布** または単に **分布** といい，確率変数 X はこの分布に **従う** という。

- 一般に，確率変数 X のとり得る値が x_1，x_2，$\cdots$，x_n であるとき，$P(X = x_i) = p_i$ とすると，次のことが成り立つ。

  1. $p_1 \geqq 0$，$p_2 \geqq 0$，$\cdots$，$p_n \geqq 0$
  2. $p_1 + p_2 + \cdots + p_n = 1$

教 p.57

問 1 教科書 57 ページで示された X に対して，$X \geqq 200$ となる確率 $P(X \geqq 200)$ を求めよ。

考え方 1個のさいころを投げて，1の目が出るときは 300 円，2または3の目が出るときは 200 円の賞金が与えられる。

解 答 $X \geqq 200$ となるのは，3 以下の目が出るときで，$X = 200$ または $X = 300$ の場合である。したがって

$$P(X \geqq 200) = P(X = 200) + P(X = 300)$$
$$= \frac{2+1}{6} = \frac{1}{2}$$

教 p.57

問 2 1個のさいころを投げて，出る目を X とする。次の確率を求めよ。

(1) $P(X = 3)$　　　　(2) $P(2 \leqq X \leqq 5)$

考え方 (2) $2 \leqq X \leqq 5$ となるのは，出る目が 2, 3, 4, 5 の場合である。

解 答 (1) $P(X = 3) = \dfrac{1}{6}$

(2) $P(2 \leqq X \leqq 5) = \dfrac{4}{6} = \dfrac{2}{3}$

教 p.58

問3 例題1で，袋から同時に3個の球を取り出すとき，その中に含まれる黒球の個数 Y の確率分布を求めよ。

考え方 取り出した3個に含まれる黒球の個数 Y は，0，1，2，3の場合がある。

解答 Y は 0，1，2，3 の値をとる確率変数であり，それぞれの値をとる確率は

$$P(Y = 0) = \frac{{}_4\mathrm{C}_3}{{}_7\mathrm{C}_3} = \frac{4}{35}$$

$$P(Y = 1) = \frac{{}_4\mathrm{C}_2 \cdot {}_3\mathrm{C}_1}{{}_7\mathrm{C}_3} = \frac{18}{35}$$

$$P(Y = 2) = \frac{{}_4\mathrm{C}_1 \cdot {}_3\mathrm{C}_2}{{}_7\mathrm{C}_3} = \frac{12}{35}$$

$$P(Y = 3) = \frac{{}_3\mathrm{C}_3}{{}_7\mathrm{C}_3} = \frac{1}{35}$$

である。

したがって，Y の確率分布は，次の表のようになる。

Y	0	1	2	3	計
P	$\frac{4}{35}$	$\frac{18}{35}$	$\frac{12}{35}$	$\frac{1}{35}$	1

2 | 確率変数の平均と分散

用語のまとめ

確率変数の平均

- 確率変数 X のとる値が x_1, x_2, $\cdots$, x_n で，X がそれぞれの値をとる確率が p_1, p_2, $\cdots$, p_n のとき

X	x_1	x_2	$\cdots$	x_n	計
P	p_1	p_2	$\cdots$	p_n	1

$$\sum_{i=1}^{n} x_i p_i = x_1 p_1 + x_2 p_2 + \cdots + x_n p_n$$

を確率変数 X の **平均** または **期待値** といい，$E(X)$ で表す。

確率変数の分散・標準偏差

- 確率変数 X に対して，X の平均を m とするとき，$X - m$ を X の平均からの **偏差** という。

- 偏差の 2 乗の平均を **分散** といい，$V(X)$ で表す。

- 確率変数 X の分散の正の平方根を X の **標準偏差** といい，$\sigma(X)$ で表す。

● 確率変数の平均 ·· **解き方のポイント**

$$E(X) = \sum_{i=1}^{n} x_i p_i = x_1 p_1 + x_2 p_2 + \cdots + x_n p_n$$

教 p.60

問4 3 枚の硬貨を同時に投げて，表の出る枚数を X とする。X の平均を求めよ。

考え方 表の出る枚数 X は，0，1，2，3 の場合がある。

解答 X は 0，1，2，3 の値をとる確率変数であり，それぞれの値をとる確率は

$$P(X=0) = {}_3C_0 \left(\frac{1}{2}\right)^3 = \frac{1}{8} \qquad P(X=1) = {}_3C_1 \left(\frac{1}{2}\right)\left(\frac{1}{2}\right)^2 = \frac{3}{8}$$

$$P(X=2) = {}_3C_2 \left(\frac{1}{2}\right)^2\left(\frac{1}{2}\right) = \frac{3}{8} \qquad P(X=3) = {}_3C_3 \left(\frac{1}{2}\right)^3 = \frac{1}{8}$$

である。したがって，X の確率分布は右の表のようになる。

X	0	1	2	3	計
P	$\frac{1}{8}$	$\frac{3}{8}$	$\frac{3}{8}$	$\frac{1}{8}$	1

よって，X の平均は次のようになる。

$$E(X) = 0 \cdot \frac{1}{8} + 1 \cdot \frac{3}{8} + 2 \cdot \frac{3}{8} + 3 \cdot \frac{1}{8} = \frac{3}{2}$$

教 p.61

問5 2個のさいころを同時に投げるとき，出る目の大きいほうの値 X の
平均を求めよ。ただし，同じ目のときはその目を X の値とする。

考え方 2個のさいころの出る目の表をつくって，確率分布を調べる。

解答 2個のさいころの出る目の数の大きいほうの値をま
とめると，右の表のようになる。

	1	2	3	4	5	6
1	1	2	3	4	5	6
2	2	2	3	4	5	6
3	3	3	3	4	5	6
4	4	4	4	4	5	6
5	5	5	5	5	5	6
6	6	6	6	6	6	6

この表から，X のとる値は 1, 2, 3, 4, 5, 6 であり，
X の確率分布は下の表のようになる。

X	1	2	3	4	5	6	計
P	$\dfrac{1}{36}$	$\dfrac{3}{36}$	$\dfrac{5}{36}$	$\dfrac{7}{36}$	$\dfrac{9}{36}$	$\dfrac{11}{36}$	1

したがって，X の平均は次のようになる。

$$E(X) = 1 \cdot \frac{1}{36} + 2 \cdot \frac{3}{36} + 3 \cdot \frac{5}{36} + 4 \cdot \frac{7}{36} + 5 \cdot \frac{9}{36} + 6 \cdot \frac{11}{36} = \frac{161}{36}$$

● **$aX + b$ の平均** ·· **解き方のポイント**

a, b を定数とするとき　　$E(aX + b) = aE(X) + b$

教 p.62

問6 例2の X に対して，次の確率変数の平均を求めよ。

(1)　$X + 4$　　　　　(2)　$-X$　　　　　(3)　$5X - 1$

解答 教科書 p.60 の例1より，$E(X) = \dfrac{7}{2}$ であるから

(1)　$E(X + 4) = E(X) + 4 = \dfrac{7}{2} + 4 = \dfrac{15}{2}$

(2)　$E(-X) = -E(X) = -\dfrac{7}{2}$

(3)　$E(5X - 1) = 5E(X) - 1 = 5 \cdot \dfrac{7}{2} - 1 = \dfrac{33}{2}$

教 p.62

問7 例3の X に対して，次の確率変数の平均を求めよ。

(1)　$2X^2 - 1$　　　　　　　　(2)　$(X + 2)^2$

考え方 $E(aX^2 + bX + c) = aE(X^2) + bE(X) + c$ として計算できる。

2章

統計的な推測

解答 教科書 p.62 の例 3 より，$E(X^2) = \dfrac{91}{6}$ であるから

(1)　$E(2X^2 - 1) = 2E(X^2) - 1 = 2 \cdot \dfrac{91}{6} - 1 = \dfrac{88}{3}$

(2)　$E(X) = \dfrac{1}{6}(1 + 2 + 3 + \cdots + 6) = \dfrac{21}{6}$

であるから

$$E((X + 2)^2) = E(X^2 + 4X + 4)$$
$$= E(X^2) + 4E(X) + 4$$
$$= \frac{91}{6} + 4 \cdot \frac{21}{6} + 4$$
$$= \frac{199}{6}$$

別解 $X = 1, 2, 3, \cdots, 6$ であるから

$X + 2 = 3, 4, 5, \cdots, 8$

したがって

$$E((X + 2)^2) = \sum_{i=3}^{8}\left(i^2 \cdot \frac{1}{6}\right)$$
$$= \frac{1}{6}(3^2 + 4^2 + 5^2 + \cdots 8^2)$$
$$= \frac{199}{6}$$

● **確率変数の分散・標準偏差** ……………………………… **解き方のポイント**

確率変数の分散
$$V(X) = E((X - m)^2)$$

確率変数の標準偏差
$$\sigma(X) = \sqrt{V(X)}$$

分散の公式
$$V(X) = E(X^2) - m^2 = E(X^2) - \{E(X)\}^2$$

教 p.65

　問8　硬貨を 3 回投げるとき，表が出る回数 X の標準偏差を求めよ。

考え方　確率分布を表にし，次の順に求める。

平均 $E(X)$，分散 $V(X) = E(X^2) - \{E(X)\}^2$，標準偏差 $\sigma(X) = \sqrt{V(X)}$

解 答 X の確率分布は右の表のようになる。

よって，X の平均，分散は

X	0	1	2	3	計
P	$\frac{1}{8}$	$\frac{3}{8}$	$\frac{3}{8}$	$\frac{1}{8}$	1

$$E(X) = 0 \cdot \frac{1}{8} + 1 \cdot \frac{3}{8} + 2 \cdot \frac{3}{8} + 3 \cdot \frac{1}{8}$$

$$= \frac{3}{2}$$

$$V(X) = E(X^2) - \{E(X)\}^2$$

$$= 0^2 \cdot \frac{1}{8} + 1^2 \cdot \frac{3}{8} + 2^2 \cdot \frac{3}{8} + 3^2 \cdot \frac{1}{8} - \left(\frac{3}{2}\right)^2$$

$$= 3 - \frac{9}{4} = \frac{3}{4}$$

したがって，標準偏差は

$$\sigma(X) = \sqrt{V(X)} = \sqrt{\frac{3}{4}} = \frac{\sqrt{3}}{2}$$

教 p.66

問9 例題3において，封筒とカードをそれぞれ1枚ずつ増やして1, 2, 3, 4の番号を1つずつ記入するとき，X の平均，分散，標準偏差を求めよ。

考え方 カードの番号とそれを入れた封筒の番号が一致するカードの枚数を X とする。まず，考えられる場合を書き上げて，確率分布の表をつくる。

解 答 右の表のように，封筒へのカードの入れ方は24通りあり，X のとる値は0, 1, 2, 4である。

これより，X の確率分布は下の表のようになる。

封筒				Xの値	封筒				Xの値
1	2	3	4		1	2	3	4	
1	2	3	4	4	3	1	2	4	1
1	2	4	3	2	3	1	4	2	0
1	3	2	4	2	3	2	1	4	2
1	3	4	2	1	3	2	4	1	1
1	4	2	3	1	3	4	1	2	0
1	4	3	2	2	3	4	2	1	0
2	1	3	4	2	4	1	2	3	0
2	1	4	3	0	4	1	3	2	1
2	3	1	4	1	4	2	1	3	1
2	3	4	1	0	4	2	3	1	2
2	4	1	3	0	4	3	1	2	0
2	4	3	1	1	4	3	2	1	0

X	0	1	2	4	計
P	$\frac{9}{24}$	$\frac{8}{24}$	$\frac{6}{24}$	$\frac{1}{24}$	1

よって，X の平均，分散，標準偏差は

$$E(X) = 0 \cdot \frac{9}{24} + 1 \cdot \frac{8}{24} + 2 \cdot \frac{6}{24} + 4 \cdot \frac{1}{24} = 1$$

$$V(X) = 0^2 \cdot \frac{9}{24} + 1^2 \cdot \frac{8}{24} + 2^2 \cdot \frac{6}{24} + 4^2 \cdot \frac{1}{24} - 1^2 = 1$$

$$\sigma(X) = \sqrt{V(X)} = \sqrt{1} = 1$$

● $aX+b$ の分散・標準偏差 ················ 解き方のポイント

$$分散：V(aX+b)=a^2\,V(X)$$
$$標準偏差：\sigma(aX+b)=|a|\sigma(X)$$

教 p.66

問10 例6の X について，次の確率変数の分散と標準偏差を求めよ。

(1) $3X+1$ (2) $-X$ (3) $-6X+5$

解答 $V(X)=\dfrac{35}{12}$, $\sigma(X)=\dfrac{\sqrt{105}}{6}$ であるから

(1) $V(3X+1)=3^2\,V(X)=9\cdot\dfrac{35}{12}=\dfrac{105}{4}$

$\sigma(3X+1)=|3|\sigma(X)=3\cdot\dfrac{\sqrt{105}}{6}=\dfrac{\sqrt{105}}{2}$

(2) $V(-X)=(-1)^2\,V(X)=1\cdot\dfrac{35}{12}=\dfrac{35}{12}$

$\sigma(-X)=|-1|\sigma(X)=1\cdot\dfrac{\sqrt{105}}{6}=\dfrac{\sqrt{105}}{6}$

(3) $V(-6X+5)=(-6)^2\,V(X)=36\cdot\dfrac{35}{12}=105$

$\sigma(-6X+5)=|-6|\sigma(X)=6\cdot\dfrac{\sqrt{105}}{6}=\sqrt{105}$

別解 標準偏差は次のようにして求めることもできる。

(1) $\sigma(3X+1)=\sqrt{V(3X+1)}=\sqrt{\dfrac{105}{4}}=\dfrac{\sqrt{105}}{2}$

(2) $\sigma(-X)=\sqrt{V(-X)}=\sqrt{\dfrac{35}{12}}=\dfrac{\sqrt{105}}{6}$

(3) $\sigma(-6X+5)=\sqrt{V(-6X+5)}=\sqrt{105}$

3 | 確率変数の和と積

用語のまとめ

独立な確率変数

- 2つの確率変数 X, Y について，X のとる任意の値 x_i と Y のとる任意の値 y_j について

$$P(X = x_i,\ Y = y_j) = P(X = x_i) \cdot P(Y = y_j)$$

が成り立つとき，確率変数 X, Y は **独立** であるという。

- 一般に，2つの独立な試行 T_1, T_2 があるとき，T_1 に関する確率変数 X と T_2 に関する確率変数 Y は独立である。

● **確率変数の和の平均** ……………………………………………… **解き方のポイント**

2つの確率変数 X, Y の和について，次の等式が成り立つ。

$$E(X + Y) = E(X) + E(Y)$$

上の式と同様の式は，3つ以上の確率変数の和に対しても成り立つ。

教 p.68

問11 1, 2, 3の数字を1つずつ書いた札がそれぞれ1枚，2枚，3枚ある。この6枚の札から1枚引き，書かれている数字を記録してもとに戻す。これを3回繰り返すとき，引く札に書かれた数の和の平均を求めよ。

考え方 $E(X + Y + Z) = E(X) + E(Y) + E(Z)$ が成り立つことを用いる。

解答 1回目，2回目，3回目に引く札に書かれている数字をそれぞれ X, Y, Z とする。

X の確率分布は，右の表のようになる。
よって，X の平均は

X	1	2	3	計
P	$\frac{1}{6}$	$\frac{2}{6}$	$\frac{3}{6}$	1

$$E(X) = 1 \cdot \frac{1}{6} + 2 \cdot \frac{2}{6} + 3 \cdot \frac{3}{6} = \frac{7}{3}$$

同様に $E(Y) = E(Z) = \frac{7}{3}$

したがって，引く札に書かれた数の和の平均は

$$E(X + Y + Z) = E(X) + E(Y) + E(Z)$$
$$= \frac{7}{3} + \frac{7}{3} + \frac{7}{3} = 7$$

● **独立な確率変数の積の平均** ‥‥‥‥‥‥‥‥‥‥‥‥‥‥‥‥ 解き方のポイント

確率変数 X, Y が独立であるとき
$$E(XY) = E(X) \cdot E(Y)$$

教 p.70

問12 2つの袋 A, B があり，袋 A には 1, 3, 5, 7, 9 の数字を1つずつ
書いた札が5枚入っており，袋 B には 2, 4, 6, 8 の数字を1つずつ
書いた札が4枚入っている。2つの袋から1枚ずつ札を取り出すとき，
2枚の札に書かれた数の積の平均を求めよ。

考え方 袋 A から札を取り出す試行と袋 B から札を取り出す試行は独立である。

解答 袋 A, B から取り出した札に書かれた数をそれぞれ X, Y とすると
$$E(X) = 1 \cdot \frac{1}{5} + 3 \cdot \frac{1}{5} + 5 \cdot \frac{1}{5} + 7 \cdot \frac{1}{5} + 9 \cdot \frac{1}{5} = 5$$
$$E(Y) = 2 \cdot \frac{1}{4} + 4 \cdot \frac{1}{4} + 6 \cdot \frac{1}{4} + 8 \cdot \frac{1}{4} = 5$$

袋 A から札を取り出す試行と袋 B から札を取り出す試行は独立であるか
ら，2枚の札に書かれた数の積の平均は
$$E(XY) = E(X) \cdot E(Y) = 5 \cdot 5 = 25$$

● **独立な確率変数の和の分散** ‥‥‥‥‥‥‥‥‥‥‥‥‥‥‥‥ 解き方のポイント

確率変数 X, Y が独立であるとき
$$V(X + Y) = V(X) + V(Y)$$

教 p.71

問13 1枚の硬貨と1個のさいころを投げる試行で，硬貨の表が出るとき 1，
裏が出るとき 0 を対応させる確率変数を X，さいころの出る目を Y
とする。このとき，確率変数 $X + Y$ の分散と標準偏差を求めよ。

考え方 X と Y は独立である。

解答 $P(X = 0) = \dfrac{1}{2}$, $P(X = 1) = \dfrac{1}{2}$ であるから
$$E(X) = 0 \cdot \frac{1}{2} + 1 \cdot \frac{1}{2} = \frac{1}{2}$$
$$V(X) = 0^2 \cdot \frac{1}{2} + 1^2 \cdot \frac{1}{2} - \left(\frac{1}{2}\right)^2 = \frac{1}{4}$$

また，$P(Y=i)=\dfrac{1}{6}$ $(i=1,\ 2,\ 3,\ 4,\ 5,\ 6)$ であるから

$$E(Y)=1\cdot\dfrac{1}{6}+2\cdot\dfrac{1}{6}+3\cdot\dfrac{1}{6}+4\cdot\dfrac{1}{6}+5\cdot\dfrac{1}{6}+6\cdot\dfrac{1}{6}=\dfrac{7}{2}$$

$$V(Y)=1^2\cdot\dfrac{1}{6}+2^2\cdot\dfrac{1}{6}+3^2\cdot\dfrac{1}{6}+4^2\cdot\dfrac{1}{6}+5^2\cdot\dfrac{1}{6}+6^2\cdot\dfrac{1}{6}-\left(\dfrac{7}{2}\right)^2=\dfrac{35}{12}$$

X と Y は独立であるから，$X+Y$ の分散と標準偏差は

$$V(X+Y)=V(X)+V(Y)=\dfrac{1}{4}+\dfrac{35}{12}=\dfrac{19}{6}$$

$$\sigma(X+Y)=\sqrt{V(X+Y)}=\sqrt{\dfrac{19}{6}}=\dfrac{\sqrt{114}}{6}$$

● 3つの独立な確率変数の積の平均，和の分散 ……… 解き方のポイント

独立な確率変数 $X,\ Y,\ Z$ に対して，次のことが成り立つ。

積の平均：$E(XYZ)=E(X)\cdot E(Y)\cdot E(Z)$

和の分散：$V(X+Y+Z)=V(X)+V(Y)+V(Z)$

3つの独立な試行 $T_1,\ T_2,\ T_3$ があるとき，$T_1,\ T_2,\ T_3$ に関する確率変数を $X,\ Y,\ Z$ とすると，確率変数 $X,\ Y,\ Z$ は独立である。

教 p.71

問14 1個のさいころを3回投げるとき，出る目の積の平均を求めよ。また，出る目の和の分散を求めよ。

考え方 1個のさいころを3回投げる試行において，それぞれの試行は独立である。

解答 1回目，2回目，3回目にさいころを投げるときに出る目をそれぞれ $X,\ Y,\ Z$ とすると，$X,\ Y,\ Z$ は独立である。

$$E(X)=E(Y)=E(Z)$$
$$=1\cdot\dfrac{1}{6}+2\cdot\dfrac{1}{6}+3\cdot\dfrac{1}{6}+4\cdot\dfrac{1}{6}+5\cdot\dfrac{1}{6}+6\cdot\dfrac{1}{6}=\dfrac{7}{2}$$

$$V(X)=V(Y)=V(Z)$$
$$=1^2\cdot\dfrac{1}{6}+2^2\cdot\dfrac{1}{6}+3^2\cdot\dfrac{1}{6}+4^2\cdot\dfrac{1}{6}+5^2\cdot\dfrac{1}{6}+6^2\cdot\dfrac{1}{6}-\left(\dfrac{7}{2}\right)^2=\dfrac{35}{12}$$

であるから，出る目の積の平均，和の分散は

$$E(XYZ)=E(X)\cdot E(Y)\cdot E(Z)=\dfrac{7}{2}\cdot\dfrac{7}{2}\cdot\dfrac{7}{2}=\dfrac{343}{8}$$

$$V(X+Y+Z)=V(X)+V(Y)+V(Z)=\dfrac{35}{12}+\dfrac{35}{12}+\dfrac{35}{12}=\dfrac{35}{4}$$

4 | 二項分布

用語のまとめ

二項分布

● ある試行で事象 A が起こる確率を p とし，A の余事象の確率を $q = 1 - p$ とする。この試行を n 回繰り返す反復試行において事象 A が起こる回数を X とすると，X は確率変数であり，そのとる値は 0 から n までの整数である。
このとき，$X = r$ となる確率は

$$P(X = r) = {}_nC_r p^r q^{n-r} \quad (r = 0,\ 1,\ 2,\ \cdots,\ n)$$

である。したがって，X の確率分布は次の表のようになる。

X	0	1	$\cdots$	r	$\cdots$	n	計
P	${}_nC_0 q^n$	${}_nC_1 p q^{n-1}$	$\cdots$	${}_nC_r p^r q^{n-r}$	$\cdots$	${}_nC_n p^n$	1

確率変数 X の確率分布が上の表のようになるとき，この確率分布を確率 p に対する次数 n の **二項分布** といい，$B(n,\ p)$ で表す。

教 p.73

問15 次の二項分布に従う確率変数に対して，それぞれの二項分布 $B(n,\ p)$ における $n,\ p$ の値を求めよ。
(1) 1枚の硬貨を10回投げるとき，表の出る回数 X
(2) 2個のさいころを同時に投げる試行を8回繰り返すとき，2個とも6の目が出る回数 Y

考え方 (1) n は硬貨を投げる回数，p は表の出る確率である。
(2) n は2個のさいころを同時に投げる回数，p は2個とも6の目が出る確率である。

解答 (1) 1枚の硬貨を10回繰り返し投げ，表の出る確率は $\dfrac{1}{2}$ であるから

$$n = 10,\quad p = \dfrac{1}{2}$$

(2) 試行を8回繰り返し，2個とも6の目が出る確率は $\dfrac{1}{6} \cdot \dfrac{1}{6} = \dfrac{1}{36}$ であるから

$$n = 8,\quad p = \dfrac{1}{36}$$

問 16 確率変数 X が二項分布 $B\left(5, \dfrac{1}{3}\right)$ に従うとき，$X = 3$ となる確率を求めよ。

考え方 確率変数 X が二項分布 $B(n, p)$ に従うとき，$X = r$ となる確率は
$$P(X = r) = {}_n C_r p^r (1-p)^{n-r}$$
である。

解答 $P(X = 3) = {}_5 C_3 \left(\dfrac{1}{3}\right)^3 \left(\dfrac{2}{3}\right)^2 = \dfrac{40}{243}$

問 17 1枚の硬貨を5回投げるとき，表が3回以上出る確率を求めよ。

考え方 表が出る回数を表す確率変数は二項分布 $B\left(5, \dfrac{1}{2}\right)$ に従う。

解答 表が出る回数を X とすると，確率変数 X は二項分布 $B\left(5, \dfrac{1}{2}\right)$ に従う。

求める確率は $P(X \geq 3)$ であるから
$$P(X \geq 3) = P(X = 3) + P(X = 4) + P(X = 5)$$
$$= {}_5 C_3 \left(\dfrac{1}{2}\right)^3 \left(\dfrac{1}{2}\right)^2 + {}_5 C_4 \left(\dfrac{1}{2}\right)^4 \left(\dfrac{1}{2}\right)^1 + {}_5 C_5 \left(\dfrac{1}{2}\right)^5$$
$$= \dfrac{1}{2}$$

● **二項分布の平均と分散** ········· **解き方のポイント**

確率変数 X が二項分布 $B(n, p)$ に従うとき
平均：$E(X) = np$
分散：$V(X) = npq$　　ただし，$q = 1 - p$

問 18 確率変数 X が次の二項分布に従うとき，X の平均，分散，標準偏差を求めよ。

(1) $B\left(30, \dfrac{1}{6}\right)$　　　(2) $B\left(50, \dfrac{1}{2}\right)$　　　(3) $B(100, 0.36)$

考え方 標準偏差 $\sigma(X)$ は，$\sigma(X) = \sqrt{V(X)}$ である。

解答 (1) X は二項分布 $B\left(30, \dfrac{1}{6}\right)$ に従うから，X の平均，分散，標準偏差は

$$E(X) = 30 \cdot \frac{1}{6} = 5$$

$$V(X) = 30 \cdot \frac{1}{6} \cdot \frac{5}{6} = \frac{25}{6}$$

$$\sigma(X) = \sqrt{V(X)} = \sqrt{\frac{25}{6}} = \frac{5\sqrt{6}}{6}$$

(2) X は二項分布 $B\left(50, \dfrac{1}{2}\right)$ に従うから，X の平均，分散，標準偏差は

$$E(X) = 50 \cdot \frac{1}{2} = 25$$

$$V(X) = 50 \cdot \frac{1}{2} \cdot \frac{1}{2} = \frac{25}{2}$$

$$\sigma(X) = \sqrt{V(X)} = \sqrt{\frac{25}{2}} = \frac{5\sqrt{2}}{2}$$

(3) X は二項分布 $B(100, 0.36)$ に従うから，X の平均，分散，標準偏差は

$$E(X) = 100 \cdot 0.36 = 36$$

$$V(X) = 100 \cdot 0.36 \cdot 0.64 = 23.04$$

$$\sigma(X) = \sqrt{V(X)} = \sqrt{23.04} = 4.8 \quad \longleftarrow \begin{array}{l} 23.04 = 100 \cdot 0.36 \cdot 0.64 \\ \qquad\quad = 10^2 \cdot 0.6^2 \cdot 0.8^2 \end{array}$$

教 p.75

問 19 AとBの2人が20回続けて試合を行う。Aの勝つ確率は $\dfrac{2}{3}$ でAの
勝つ回数を X とする。X の平均と標準偏差を求めよ。

考え方 X が二項分布 $B(n, p)$ に従うとき，$E(X) = np$，$\sigma(X) = \sqrt{V(X)} = \sqrt{npq}$
である。

解答 X は二項分布 $B\left(20, \dfrac{2}{3}\right)$ に従う。

したがって，X の平均と標準偏差は次のようになる。

$$E(X) = 20 \cdot \frac{2}{3} = \frac{40}{3} \ (\text{回})$$

$$\sigma(X) = \sqrt{V(X)} = \sqrt{20 \cdot \frac{2}{3} \cdot \frac{1}{3}} = \frac{2\sqrt{10}}{3} \ (\text{回})$$

| 問　題 | 教 p.76 |

1 1から4までの数字を1つずつ書いた4枚の札の中から同時に2枚の札を引くとき，書かれた大きい方の数を X とする。X の平均と標準偏差を求めよ。

考え方 札の引き方の総数は $_4C_2$ 通りある。$X = 4$ となるのは，4の札の他に1, 2, 3のいずれかの札を引く場合である。$X = 2$, 3のときも同様に考える。

解答 X は2, 3, 4の値をとる確率変数であり，それぞれの値をとる確率は

$$P(X = 2) = \frac{1}{_4C_2} = \frac{1}{6}, \quad P(X = 3) = \frac{2}{_4C_2} = \frac{2}{6},$$

$$P(X = 4) = \frac{3}{_4C_2} = \frac{3}{6}$$

X の確率分布は右の表のようになる。
よって，X の平均は

X	2	3	4	計
P	$\frac{1}{6}$	$\frac{2}{6}$	$\frac{3}{6}$	1

$$E(X) = 2 \cdot \frac{1}{6} + 3 \cdot \frac{2}{6} + 4 \cdot \frac{3}{6} = \frac{10}{3}$$

また，X の分散は，$V(X) = 2^2 \cdot \frac{1}{6} + 3^2 \cdot \frac{2}{6} + 4^2 \cdot \frac{3}{6} - \left(\frac{10}{3}\right)^2 = \frac{5}{9}$

であるから，X の標準偏差は

$$\sigma(X) = \sqrt{V(X)} = \frac{\sqrt{5}}{3}$$

2 赤球2個と白球4個が入った袋から同時に2個の球を取り出すことを繰り返す。ただし，取り出した球はもとに戻さないものとする。ここで，取り出した2個の球の中に，初めて赤球が含まれるまで繰り返す回数を X とする。X の平均と標準偏差を求めよ。

考え方 $X = 1$ となるのは
1回目に赤球2個か，または赤球1個と白球1個を取り出す場合
$X = 2$ となるのは
1回目に白球2個を取り出し，2回目に赤球2個か，または赤球1個と白球1個を取り出す場合
$X = 3$ となるのは
1回目，2回目とも白球2個を取り出す場合
である。

解答 X は1, 2, 3の値をとる確率変数であり，それぞれの値をとる確率は

$$P(X = 1) = \frac{_2C_2 + _2C_1 \cdot _4C_1}{_6C_2} = \frac{9}{15}$$

2章

統計的な推測

$$P(X = 2) = \frac{{}_4C_2}{{}_6C_2} \cdot \frac{{}_2C_2 + {}_2C_1 \cdot {}_2C_1}{{}_4C_2} = \frac{5}{15}$$

$$P(X = 3) = \frac{{}_4C_2}{{}_6C_2} \cdot \frac{{}_2C_2}{{}_4C_2} = \frac{1}{15}$$

X の確率分布は右の表のようになる。
よって，X の平均は

X	1	2	3	計
P	$\frac{9}{15}$	$\frac{5}{15}$	$\frac{1}{15}$	1

$$E(X) = 1 \cdot \frac{9}{15} + 2 \cdot \frac{5}{15} + 3 \cdot \frac{1}{15} = \frac{22}{15}$$

また，X の分散は

$$V(X) = 1^2 \cdot \frac{9}{15} + 2^2 \cdot \frac{5}{15} + 3^2 \cdot \frac{1}{15} - \left(\frac{22}{15}\right)^2 = \frac{86}{225}$$

であるから，X の標準偏差は

$$\sigma(X) = \sqrt{V(X)} = \frac{\sqrt{86}}{15}$$

---

3 1個のさいころと1枚の硬貨を投げる。硬貨の表が出ればさいころの目の3倍を得点とし，裏が出ればさいころの目を得点とする。このときの得点の平均を求めよ。

考え方 さいころの出る目を X，硬貨の表が出ると 3，裏が出ると 1 の値をとる確率変数を Y とすると，X と Y は独立であるから，$E(XY) = E(X) \cdot E(Y)$ となる。

解答 さいころの出る目を X，硬貨の表が出ると 3，裏が出ると 1 の値をとる確率変数を Y とすると，得点は XY で表される。ここで

$$E(X) = 1 \cdot \frac{1}{6} + 2 \cdot \frac{1}{6} + 3 \cdot \frac{1}{6} + 4 \cdot \frac{1}{6} + 5 \cdot \frac{1}{6} + 6 \cdot \frac{1}{6} = \frac{7}{2}$$

$$E(Y) = 3 \cdot \frac{1}{2} + 1 \cdot \frac{1}{2} = 2$$

Y	3	1	計
P	$\frac{1}{2}$	$\frac{1}{2}$	1

X と Y は独立であるから，得点の平均は

$$E(XY) = E(X) \cdot E(Y) = \frac{7}{2} \cdot 2 = 7$$

---

4 1枚の硬貨を投げるとき，表が出れば得点は 10 点とし，裏が出れば得点は -5 点とする。これを 20 回繰り返すとき，得られる得点の平均と標準偏差を求めよ。

考え方 1枚の硬貨を投げる試行を 20 回繰り返すとき，表が出る回数を X とすると，X は二項分布に従う。得られる得点の平均，標準偏差はそれぞれ $aX + b$ の平均，標準偏差の公式を用いて求める。

解答 表が出る回数を X とすると，確率変数 X は二項分布 $B\left(20, \dfrac{1}{2}\right)$ に従うから

$$E(X) = 20 \cdot \dfrac{1}{2} = 10$$

$$\sigma(X) = \sqrt{20 \cdot \dfrac{1}{2} \cdot \dfrac{1}{2}} = \sqrt{5}$$

20回繰り返したときの得点の合計は

$$10X + (-5) \cdot (20 - X) = 15X - 100$$

であるから，得られる得点の平均と標準偏差は次のようになる。

平均は $\quad E(15X - 100) = 15E(X) - 100 = 15 \cdot 10 - 100 = 50$

標準偏差は $\quad \sigma(15X - 100) = |15|\sigma(X) = 15\sqrt{5}$

---

5 原点 O から出発して数直線上を動く点 P がある。1個のさいころを投げて，4以下の目が出れば P は $+2$ だけ進み，5以上の目が出れば P は -1 だけ進むという。さいころを6回投げたときの点 P の座標を X とするとき，次の問に答えよ。

(1) $X > 0$ となる確率を求めよ。　　(2) X の平均と分散を求めよ。

考え方 さいころを6回投げたとき，4以下の目が出る回数を Y とすると，Y の確率分布は二項分布に従う。

解答 この試行を6回繰り返したとき，4以下の目が出る回数を Y とすると

$$X = 2Y + (-1) \cdot (6 - Y) = 3Y - 6$$

で，Y は二項分布 $B\left(6, \dfrac{2}{3}\right)$ に従う。

(1) $P(X > 0) = P(3Y - 6 > 0) = P(Y > 2)$

$\qquad = 1 - \{P(Y = 0) + P(Y = 1) + P(Y = 2)\}$

$\qquad = 1 - \left\{ {}_6C_0 \left(\dfrac{1}{3}\right)^6 + {}_6C_1 \left(\dfrac{2}{3}\right)\left(\dfrac{1}{3}\right)^5 + {}_6C_2 \left(\dfrac{2}{3}\right)^2\left(\dfrac{1}{3}\right)^4 \right\}$

$\qquad = 1 - \left(\dfrac{1}{729} + \dfrac{12}{729} + \dfrac{60}{729}\right)$

$\qquad = \dfrac{656}{729}$

(2) Y は二項分布 $B\left(6, \dfrac{2}{3}\right)$ に従うから

$$E(Y) = 6 \cdot \dfrac{2}{3} = 4, \quad V(Y) = 6 \cdot \dfrac{2}{3} \cdot \dfrac{1}{3} = \dfrac{4}{3}$$

したがって，X の平均と分散は次のようになる。

平均は $\quad E(X) = E(3Y - 6) = 3E(Y) - 6$

$\qquad\qquad = 3 \cdot 4 - 6 = 6$

分散は $\quad V(X) = V(3Y - 6) = 3^2 V(Y) = 9 \cdot \dfrac{4}{3} = 12$

6 1個のさいころを投げる。出た目が4以上であれば3点，そうでなければ
1点とするときの得点を X，出た目が偶数であれば3点，そうでなけれ
ば1点とするときの得点を Y とする。このとき，次の問に答えよ。

(1) 2つの確率変数 X，Y は独立であるか。

(2) $E(X+Y) = E(X) + E(Y)$，$E(XY) = E(X) \cdot E(Y)$ は，それぞれ
成り立つか。

考え方 確率変数 X，Y が独立であるとき

$$P(X = x_i,\ Y = y_j) = P(X = x_i) \cdot P(Y = y_j)$$

が成り立つ。

解答 (1) 確率変数 X，Y について表にまとめると，
右のようになる。

$\diagdown$ Y X	3	1	計
3	$\frac{1}{3}$	$\frac{1}{6}$	$\frac{1}{2}$
1	$\frac{1}{6}$	$\frac{1}{3}$	$\frac{1}{2}$
計	$\frac{1}{2}$	$\frac{1}{2}$	1

例えば，$X = 3$，$Y = 3$ となる場合を考えると

$$P(X = 3,\ Y = 3) = \frac{1}{3} \quad \longleftarrow \text{さいころの目が4, 6のとき}$$

一方

$$P(X = 3) \cdot P(Y = 3) = \frac{1}{2} \cdot \frac{1}{2} = \frac{1}{4}$$

よって

$$P(X = 3,\ Y = 3) \neq P(X = 3) \cdot P(Y = 3)$$

であるから

確率変数 X と Y は **独立ではない**。

(2) $$E(X) = 3 \cdot \frac{1}{2} + 1 \cdot \frac{1}{2} = 2$$

$$E(Y) = 3 \cdot \frac{1}{2} + 1 \cdot \frac{1}{2} = 2$$

$$E(X+Y) = 6 \cdot \frac{1}{3} + 4 \cdot \frac{1}{6} + 4 \cdot \frac{1}{6} + 2 \cdot \frac{1}{3} = 4$$

$$E(XY) = 9 \cdot \frac{1}{3} + 3 \cdot \frac{1}{6} + 3 \cdot \frac{1}{6} + 1 \cdot \frac{1}{3} = \frac{13}{3}$$

したがって

$$E(X+Y) = 4,\ E(X) + E(Y) = 4$$

であるから，$E(X+Y) = E(X) + E(Y)$ は **成り立つ**。

$$E(XY) = \frac{13}{3},\ E(X) \cdot E(Y) = 4$$

であるから，$E(XY) = E(X) \cdot E(Y)$ は **成り立たない**。

3節 正規分布

1 正規分布

用語のまとめ

連続分布

- 実数のある区間全体に値をとる確率変数 X に対して，1つの関数 $y = f(x)$ が対応して次の性質をもつとする。

  [1] $f(x) \geqq 0$ を満たす。

  [2] X が $a \leqq x \leqq b$ の範囲の値をとる確率 $P(a \leqq X \leqq b)$ は，曲線 $y = f(x)$ と x 軸および2直線 $x = a$, $x = b$ で囲まれた部分の面積 $\displaystyle\int_a^b f(x)dx$ に等しい。

  [3] 曲線 $y = f(x)$ と x 軸の間の面積は1である。

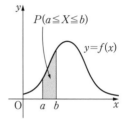

  このとき，X を **連続型確率変数** といい，関数 $f(x)$ を X の **確率密度関数**，$y = f(x)$ のグラフをその **分布曲線** という。

- 確率密度関数によって確率分布が定められるとき，その分布を **連続分布** という。

- 連続型確率変数に対して，とびとびの値をとる確率変数を **離散型確率変数** という。

正規分布

- 連続型確率変数 X の確率密度関数 $f(x)$ が，m を実数，σ を正の実数として

$$f(x) = \frac{1}{\sqrt{2\pi}\,\sigma} e^{-\frac{(x-m)^2}{2\sigma^2}}$$

  で与えられるとき，X は **正規分布** $N(m, \sigma^2)$ に従う といい，$y = f(x)$ のグラフを **正規分布曲線** という。ここで，e は自然対数の底とよばれる無理数で，その値は $2.71828182\cdots$ である。

- 正規分布曲線は，次の性質をもつ。

  [1] 直線 $x = m$ に関して対称であり，y は $x = m$ のとき最大値をとる。

  [2] 曲線の山は，標準偏差 σ が大きくなるほど低くなって横に広がり，σ が小さくなるほど高くなって対称軸 $x = m$ のまわりに集まる。

  [3] x 軸を漸近線とする。

- 確率変数 X が正規分布 $N(m, \sigma^2)$ に従うとき

$$Z = \frac{X - m}{\sigma}$$

$$\boxed{Z = \frac{X - (X\text{の平均})}{(X\text{の標準偏差})}}$$

とすると，Z は平均 0，標準偏差 1 の正規分布 $N(0, 1)$ に従うことが知られている。この Z を，X を **標準化した確率変数** という。

- 正規分布 $N(0, 1)$ を **標準正規分布** という。この場合の確率密度関数を $\varphi(x)$ と表すと，
$$\varphi(x) = \frac{1}{\sqrt{2\pi}} e^{-\frac{x^2}{2}}$$
となる。

- 確率 $P(0 \leqq Z \leqq z)$ を $u(z)$ で表す。

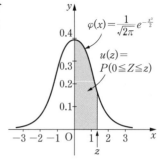

教 p.79

問1 $0 \leqq x \leqq 2$ に値をとる確率変数 X の確率密度関数が $f(x) = \dfrac{1}{2}x$ であるとき，$P(1 \leqq X \leqq 2)$ を求めよ。

考え方 確率 $P(1 \leqq X \leqq 2)$ は $y = f(x)$ と x 軸および 2 直線 $x = 1$，$x = 2$ で囲まれた台形の面積に等しい。

解答 $P(1 \leqq x \leqq 2) = \dfrac{1}{2}\left(\dfrac{1}{2} + 1\right)(2 - 1) = \dfrac{3}{4}$

別解 $P(1 \leqq X \leqq 2) = \displaystyle\int_1^2 \dfrac{1}{2}x\,dx$

$$= \left[\dfrac{1}{4}x^2\right]_1^2 = 1 - \dfrac{1}{4} = \dfrac{3}{4}$$

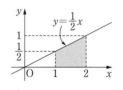

参考 連続型確率変数の平均と分散・標準偏差 **教 p.79**

用語のまとめ

連続型確率変数の平均と分散・標準偏差

- 連続型確率変数 X のとり得る値の範囲が $a \leqq X \leqq b$ で，その確率密度関数を $f(x)$ とする。このとき，X の平均 $E(X)$ や分散 $V(X)$ を
$$E(X) = \int_a^b xf(x)\,dx, \qquad V(X) = \int_a^b (x - m)^2 f(x)\,dx$$
と定義する。ただし，$E(X) = m$ である。

- 離散型確率変数の場合と同じように分散 $V(X)$ の正の平方根を X の標準偏差といい，$\sigma(X)$ で表す。
すなわち $\sigma(X) = \sqrt{V(X)}$

● **正規分布の平均と標準偏差** .... **解き方のポイント**

確率変数 X が正規分布 $N(m, \sigma^2)$ に従うとき

平均 : $E(X) = m$

標準偏差 : $\sigma(X) = \sigma$

教 p.81

問2 確率変数 Z が標準正規分布 $N(0, 1)$ に従うとき,次の確率を求めよ。

(1) $P(Z \leq 1)$　　　　　　　(2) $P(Z > 0.5)$

(3) $P(-2 \leq Z \leq -1)$　　　　(4) $P(-1.96 \leq Z \leq 1.96)$

考え方 与えられた確率を $P(0 \leq Z \leq z) = u(z)$ を用いて表し,z の値に対する $u(z)$ の値を本書 p.168 の正規分布表を用いて求める。

解 答

(1) $P(Z \leq 1) = P(Z \leq 0) + P(0 \leq Z \leq 1)$

$\qquad\qquad = 0.5 + P(0 \leq Z \leq 1)$

$\qquad\qquad = 0.5 + u(1) = 0.5 + 0.34134 = 0.84134$

(2) $P(Z > 0.5) = P(Z \geq 0) - P(0 \leq Z \leq 0.5)$

$\qquad\qquad = 0.5 - P(0 \leq Z \leq 0.5)$

$\qquad\qquad = 0.5 - u(0.5) = 0.5 - 0.19146 = 0.30854$

(3) $P(-2 \leq Z \leq -1) = P(1 \leq Z \leq 2)$

$\qquad\qquad\qquad = P(0 \leq Z \leq 2) - P(0 \leq Z < 1)$

$\qquad\qquad\qquad = P(0 \leq Z \leq 2) - P(0 \leq Z \leq 1)$

$\qquad\qquad\qquad = u(2) - u(1) = 0.47725 - 0.34134 = 0.13591$

(4) $P(-1.96 \leq Z \leq 1.96) = 2 \cdot P(0 \leq Z \leq 1.96)$

$\qquad\qquad\qquad\qquad = 2 \cdot u(1.96)$

$\qquad\qquad\qquad\qquad = 2 \cdot 0.47500 = 0.95000$

プラス＋

$0 \leq z_1 \leq z_2$ のとき

$\qquad P(0 \leq Z \leq z_1) = u(z_1)$

$\qquad P(Z \geq z_1) = 0.5 - u(z_1)$

$\qquad P(z_1 \leq Z \leq z_2) = u(z_2) - u(z_1)$

$\qquad P(-z_1 \leq Z \leq z_2) = u(z_1) + u(z_2)$

$\qquad P(-z_2 \leq Z \leq -z_1) = u(z_2) - u(z_1)$

$\qquad P(Z \leq -z_1) = 0.5 - u(z_1)$

$\qquad P(Z \geq -z_1) = 0.5 + u(z_1)$

2 章

統計的な推測

注意 X が連続型確率変数であるとき

$$P(a \leqq X \leqq b)$$
$$= P(a \leqq X < b)$$
$$= P(a < X \leqq b)$$
$$= P(a < X < b)$$

すなわち $P(X = a) = P(X = b) = 0$

教 p.82

問3 確率変数 X が正規分布 $N(1, 2^2)$ に従うとき，次の確率を求めよ。

(1) $P(X \geqq 2)$ (2) $P(2 \leqq X \leqq 3)$ (3) $P(-2 \leqq X \leqq 2)$

考え方 確率変数 X が正規分布 $N(m, \sigma^2)$ に従うとき，$Z = \dfrac{X-m}{\sigma}$ とすると，Z は標準正規分布 $N(0, 1)$ に従う。

確率変数 X を標準化して標準正規分布 $N(0, 1)$ における確率になおし，正規分布表を用いる。

解答 $Z = \dfrac{X-1}{2}$ とすると，Z は $N(0, 1)$ に従う。

(1) $P(X \geqq 2) = P\left(Z \geqq \dfrac{2-1}{2}\right) = P(Z \geqq 0.5)$

$\qquad = P(Z \geqq 0) - P(0 \leqq Z \leqq 0.5)$

$\qquad = 0.5 - P(0 \leqq Z \leqq 0.5)$

$\qquad = 0.5 - u(0.5) = 0.5 - 0.19146$

$\qquad = 0.30854$

(2) $P(2 \leqq X \leqq 3) = P\left(\dfrac{2-1}{2} \leqq Z \leqq \dfrac{3-1}{2}\right) = P(0.5 \leqq Z \leqq 1)$

$\qquad = u(1) - u(0.5) = 0.34134 - 0.19146$

$\qquad = 0.14988$

(3) $P(-2 \leqq X \leqq 2) = P\left(\dfrac{-2-1}{2} \leqq Z \leqq \dfrac{2-1}{2}\right) = P(-1.5 \leqq Z \leqq 0.5)$

$\qquad = P(-1.5 \leqq Z \leqq 0) + P(0 \leqq Z \leqq 0.5)$

$\qquad = u(1.5) + u(0.5) = 0.43319 + 0.19146$

$\qquad = 0.62465$

教 p.83

問4 例題 1 で，次の身長の生徒はおよそ何%いるか。

    (1) 181 cm 以上   (2) 160 cm 以下

考え方 例題 1 では，2 年生男子の身長の分布は平均 167 cm，標準偏差 7 cm の正規分布と見なせる。確率変数 X を標準化して正規分布表を用いる。

(1)は $P(X \geqq 181)$，(2)は $P(X \leqq 160)$ を求める。

解答 $Z = \dfrac{X - 167}{7}$ とすると，Z は $N(0, 1)$ に従う。

(1) $\begin{aligned}
P(X \geqq 181) &= P\left(Z \geqq \frac{181 - 167}{7}\right) = P(Z \geqq 2) \\
&= P(Z \geqq 0) - P(0 \leqq Z \leqq 2) \\
&= 0.5 - u(2) = 0.5 - 0.47725 \\
&= 0.02275
\end{aligned}$

    したがって　　およそ 2%

(2) $\begin{aligned}
P(X \leqq 160) &= P\left(Z \leqq \frac{160 - 167}{7}\right) = P(Z \leqq -1) \\
&= P(Z \geqq 1) = P(Z \geqq 0) - P(0 \leqq Z \leqq 1) \\
&= 0.5 - u(1) = 0.5 - 0.34134 \\
&= 0.15866
\end{aligned}$

    したがって　　およそ 16%

教 p.83

問5 例題 1 で，2 年の男子は 200 人であったという。このとき，身長が 174 cm 以上の生徒はおよそ何人か。

考え方 174 cm 以上の生徒の割合は確率 $P(X \geqq 174)$ に等しい。したがって，問 4 と同様にして，$P(X \geqq 174)$ を求め，それを 200 に掛ける。

解答 $Z = \dfrac{X - 167}{7}$ とすると，Z は $N(0, 1)$ に従う。よって

$\begin{aligned}
P(X \geqq 174) &= P\left(Z \geqq \frac{174 - 167}{7}\right) = P(Z \geqq 1) \\
&= 0.5 - u(1) = 0.5 - 0.34134 \\
&= 0.15866
\end{aligned}$

したがって　　$200 \cdot 0.15866 = 31.732$

よって，身長が 174 cm 以上の生徒は　　およそ 32 人

章

統計的な推測

● 二項分布の正規分布による近似 ································ 解き方のポイント

二項分布 $B(n, p)$ に従う確率変数を X とすると，n が十分大きいとき，
$Z = \dfrac{X - np}{\sqrt{npq}}$ は標準正規分布 $N(0, 1)$ に従うと見なしてよい。ただし，
$q = 1 - p$ とする。

教 p.85

問6 例題2で，1の目の出る回数が55回以上65回以下である確率を求めよ。

考え方 例題2では，1個のさいころを360回投げる。1の目の出る回数を X とし，$P(55 \leq X \leq 65)$ を求める。確率変数 X は二項分布に従うから，n が十分大きいとき，標準化すると標準正規分布 $N(0, 1)$ に従うと見なしてよい。

解答 1の目の出る回数 X は二項分布 $B\left(360, \dfrac{1}{6}\right)$ に従うから，X の平均 m と標準偏差 σ はそれぞれ次のようになる。

$$m = 360 \cdot \frac{1}{6} = 60$$

$$\sigma = \sqrt{360 \cdot \frac{1}{6} \cdot \frac{5}{6}} = 5\sqrt{2}$$

ここで，$Z = \dfrac{X - m}{\sigma}$ は標準正規分布 $N(0, 1)$ に従うと見なしてよい。

また

$$\frac{55 - 60}{5\sqrt{2}} = \frac{-5}{5\sqrt{2}} = -\frac{\sqrt{2}}{2} \fallingdotseq -0.71,$$

$$\frac{65 - 60}{5\sqrt{2}} = \frac{5}{5\sqrt{2}} = \frac{\sqrt{2}}{2} \fallingdotseq 0.71$$

であるから

$$\begin{aligned}
P(55 \leq X \leq 65) &\fallingdotseq P(-0.71 \leq Z \leq 0.71) \\
&= 2P(0 \leq Z \leq 0.71) \\
&= 2u(0.71) \\
&= 2 \cdot 0.26115 \\
&= 0.52230
\end{aligned}$$

したがって，0.5223 である。

問　題	教 p.85

7 確率変数 Z が標準正規分布 $N(0, 1)$ に従うとき，次の式を満たすような k の値を求めよ。ただし，$k > 0$ とする。

(1)　$P(-k \leqq Z \leqq k) = 0.8$

(2)　$P(Z \leqq k) = 0.8$

考え方 左辺を $u(k)$ で表し，正規分布表を用いて k の値を求める。

解答 (1)　　　　$P(-k \leqq Z \leqq k) = 2P(0 \leqq Z \leqq k) = 2u(k)$

であるから　　　$2u(k) = 0.8$

よって　　　　　$u(k) = 0.4$

$u(1.28) = 0.39973,\ u(1.29) = 0.40147$ より

　　$k \fallingdotseq 1.28$

(2)　　　$P(Z \leqq k) = P(Z \leqq 0) + P(0 \leqq Z \leqq k) = 0.5 + u(k)$

であるから　　　$0.5 + u(k) = 0.8$

よって　　　　　$u(k) = 0.3$

$u(0.84) = 0.29955,\ u(0.85) = 0.30234$ より

　　$k \fallingdotseq 0.84$

8 確率変数 X が次の正規分布に従うとき，$P(X \geqq 80)$ を求めよ。

(1)　$N(60, 10^2)$　　　　(2)　$N(60, 20^2)$　　　　(3)　$N(50, 20^2)$

考え方 確率変数 X を標準化して標準正規分布における確率になおし，正規分布表を用いる。

解答 (1)　$Z = \dfrac{X-60}{10}$ とすると，Z は $N(0, 1)$ に従う。よって

$$P(X \geqq 80) = P\left(Z \geqq \frac{80-60}{10}\right)$$
$$= P(Z \geqq 2) = 0.5 - u(2)$$
$$= 0.5 - 0.47725 = 0.02275$$

(2)　$Z = \dfrac{X-60}{20}$ とすると，Z は $N(0, 1)$ に従う。よって

$$P(X \geqq 80) = P\left(Z \geqq \frac{80-60}{20}\right)$$
$$= P(Z \geqq 1) = 0.5 - u(1)$$
$$= 0.5 - 0.34134 = 0.15866$$

(3)　$Z = \dfrac{X-50}{20}$ とすると，Z は $N(0, 1)$ に従う。よって

$$P(X \geqq 80) = P\left(Z \geqq \frac{80-50}{20}\right)$$
$$= P(Z \geqq 1.5) = 0.5 - u(1.5)$$
$$= 0.5 - 0.43319 = 0.06681$$

9 ある工場で生産されるチョコレートの重量は平均 209g，標準偏差 3g の正規分布に従う。重量が 200g 未満のものが生産される確率を求めよ。

考え方 チョコレートの重量を X とおき，X を標準化して標準正規分布における確率になおし，正規分布表を用いる。

解答 チョコレートの重量を Xg とすると，確率変数 X は正規分布 $N(209, 3^2)$ に従う。

$Z = \dfrac{X-209}{3}$ とすると，Z は $N(0, 1)$ に従う。よって

$$P(X < 200) = P\left(Z < \frac{200-209}{3}\right)$$

本書 p.97 の 注意 を参照

$$= P(Z < -3) = P(Z > 3) = P(Z \geqq 3)$$
$$= 0.5 - u(3) = 0.5 - 0.49865 = 0.00135$$

10 確率変数 X が正規分布 $N(50, 10^2)$ に従うとき
$$P(X \geqq \alpha) = 0.025$$
が成り立つような α の値を求めよ。

考え方 X を標準化して標準正規分布における確率になおし，正規分布表を用いて，$X \geqq \alpha$ となる確率が 0.025 となるような α の値を求める。

解答 $P(X \geqq \alpha) = 0.025 < 0.5$ より

$\dfrac{\alpha-50}{10} > 0$ すなわち $\alpha > 50$

ここで，$Z = \dfrac{X-50}{10}$ とすると，Z は $N(0, 1)$ に従う。

$$P(X \geqq \alpha) = P\left(Z \geqq \frac{\alpha-50}{10}\right)$$
$$= 0.5 - P\left(0 \leqq Z \leqq \frac{\alpha-50}{10}\right)$$
$$= 0.5 - u\left(\frac{\alpha-50}{10}\right) = 0.025$$

よって $u\left(\dfrac{\alpha-50}{10}\right) = 0.475$

正規分布表より $\dfrac{\alpha-50}{10} = 1.96$

したがって $\alpha = 69.6$

11 1枚の硬貨を 500 回投げて，そのうち表の出る回数が 220 回以上 270 回以下である確率を求めよ。

考え方 表の出る回数を X とすると，X は二項分布 $B\left(500, \dfrac{1}{2}\right)$ に従うから，これを標準化して標準正規分布における確率になおし，正規分布表を用いる。

解答 表の出る回数を X とすると，X は二項分布 $B\left(500, \dfrac{1}{2}\right)$ に従う。

平均 m と標準偏差 σ は

$$m = 500 \cdot \frac{1}{2} = 250$$

$$\sigma = \sqrt{500 \cdot \frac{1}{2} \cdot \frac{1}{2}} = \sqrt{125} = 5\sqrt{5}$$

ここで，$Z = \dfrac{X - m}{\sigma}$ は標準正規分布 $N(0, 1)$ に従うと見なしてよい。

また

$$\frac{220 - 250}{5\sqrt{5}} = -\frac{6}{\sqrt{5}} = -\frac{6\sqrt{5}}{5} \fallingdotseq -2.68$$

$$\frac{270 - 250}{5\sqrt{5}} = \frac{4}{\sqrt{5}} = \frac{4\sqrt{5}}{5} \fallingdotseq 1.79$$

であるから

$$
\begin{aligned}
P(220 \leqq X \leqq 270) &\fallingdotseq P(-2.68 \leqq Z \leqq 1.79) \\
&= P(0 \leqq Z \leqq 2.68) + P(0 \leqq Z \leqq 1.79) \\
&= u(2.68) + u(1.79) \\
&= 0.49632 + 0.46327 \\
&= 0.95959
\end{aligned}
$$

したがって，0.95959 である。

12 ある植物の種子の発芽率は 60％である。花壇にこの種子を 200 粒まき，発芽する種子の粒の数を X とする。このとき，次の問に答えよ。
  (1) X は二項分布 $B(n, p)$ に従う。n と p の値を求めよ。
  (2) 130 粒以上が発芽する確率を求めよ。

考え方 (1) 60％の確率で発芽する種子をまく試行を 200 回繰り返したものと考えることができる。
  (2) X を標準化して標準正規分布における確率になおし，本書 p.168 の正規分布表を用いる。

解答 (1) $n = 200, \ p = 0.6$

(2) X は二項分布 $B(200, 0.6)$ に従うから，平均 m と標準偏差 σ は

$$m = 200 \cdot 0.6 = 120$$

$$\sigma = \sqrt{200 \cdot 0.6 \cdot 0.4} = \sqrt{48} = 4\sqrt{3}$$

ここで，$Z = \dfrac{X - m}{\sigma}$ は標準正規分布 $N(0, 1)$ に従うと見なしてよい。

また

$$\frac{130 - 120}{4\sqrt{3}} = \frac{10}{4\sqrt{3}} = \frac{5\sqrt{3}}{6} \fallingdotseq 1.44$$

であるから

$$
\begin{aligned}
P(X \geqq 130) &\fallingdotseq P(Z \geqq 1.44) \\
&= 0.5 - u(1.44) \\
&= 0.5 - 0.42507 \\
&= 0.07493
\end{aligned}
$$

したがって，0.07493 である。

---

13 1枚の硬貨を n 回投げて表が出る回数を X とする。次の問に答えよ。

(1) $0.45 \leqq \dfrac{X}{n} \leqq 0.55$ となる確率 P を，$n = 100, \ 400, \ 900$ のそれぞれの場合について求めよ。

(2) n をさらに大きくすると，P はどのように変化すると考えられるか。

考え方 表の出る回数を X とすると，X は二項分布 $B\left(n, \dfrac{1}{2}\right)$ に従うから，これを標準化して標準正規分布における確率になおす。

解答 表が出る回数 X は二項分布 $B\left(n, \dfrac{1}{2}\right)$ に従う。

X の平均を m，標準偏差を σ とすると，$Z = \dfrac{X - m}{\sigma}$ は標準正規分布 $N(0, 1)$ に従うと見なしてよい。

(1) (i) $n = 100$ のとき

$$m = 100 \cdot \frac{1}{2} = 50$$

$$\sigma = \sqrt{100 \cdot \frac{1}{2}\left(1 - \frac{1}{2}\right)} = \sqrt{100 \cdot \frac{1}{4}} = 5$$

$n = 100$ のとき $\quad 45 \leqq X \leqq 55$

$$\frac{45-50}{5} = -1, \quad \frac{55-50}{5} = 1$$

であるから

$$P(45 \leqq X \leqq 55) = P(-1 \leqq Z \leqq 1)$$
$$= 2u(1)$$
$$= 0.68268$$

(ii) $n = 400$ のとき

(i) と同様に

$$m = 400 \cdot \frac{1}{2} = 200$$

$$\sigma = \sqrt{400 \cdot \frac{1}{2}\left(1-\frac{1}{2}\right)} = \sqrt{400 \cdot \frac{1}{4}} = 10$$

$n = 400$ のとき $\quad 180 \leqq X \leqq 220$

$$\frac{180-200}{10} = -2, \quad \frac{220-200}{10} = 2$$

であるから

$$P(180 \leqq X \leqq 220) = P(-2 \leqq Z \leqq 2)$$
$$= 2u(2)$$
$$= 0.95450$$

(iii) $n = 900$ のとき

(i) と同様に

$$m = 900 \cdot \frac{1}{2} = 450$$

$$\sigma = \sqrt{900 \cdot \frac{1}{2}\left(1-\frac{1}{2}\right)} = \sqrt{900 \cdot \frac{1}{4}} = 15$$

$n = 900$ のとき $\quad 405 \leqq X \leqq 495$

$$\frac{405-450}{15} = -3, \quad \frac{495-450}{15} = 3$$

であるから

$$P(405 \leqq X \leqq 495) = P(-3 \leqq Z \leqq 3)$$
$$= 2u(3)$$
$$= 0.99730$$

(i) 〜 (iii) より

$n = 100$ のとき $\quad P = 0.68268$

$n = 400$ のとき $\quad P = 0.95450$

$n = 900$ のとき $\quad P = 0.99730$

(2) (1) より, n をさらに大きくすると, P は 1 に近づく と考えられる。

4節 統計的な推測

1 母集団の分布

母集団の変量とその分布

- 母集団において調査の対象となっている性質を数量で表したものを **変量** という。

- 大きさ N の母集団において，変量 X の値が x_1 である個体が f_1 個，x_2 である個体が f_2 個，…，x_k である個体が f_k 個あるとき，この母集団から1個の個体を無作為に抽出すると，X が x_i という値をとる確率 $P(X = x_i) = p_i$ は

$$p_i = \frac{f_i}{N} \quad (i = 1, 2, \cdots, k)$$

であり，X の確率分布は右の表で示される。

X	x_1	x_2	$\cdots$	x_k	計
P	p_1	p_2	$\cdots$	p_k	1

この確率分布は，母集団において調査の対象となっている変量を特徴づけるものであるから **母集団分布** とよばれ，母集団の分布の平均，分散，標準偏差を，それぞれ，**母平均**，**母分散**，**母標準偏差** といい，m，σ^2，σ で表す。

教 p.86

問1 例1において，母平均 m と母分散 σ^2 を求めよ。

考え方 母平均 m，母分散 σ^2 は，次の式で求めることができる。

$$m = \sum_{i=1}^{n} x_i p_i = x_1 p_1 + x_2 p_2 + \cdots + x_n p_n$$

$$\sigma^2 = x_1{}^2 p_1 + x_2{}^2 p_2 + \cdots + x_n{}^2 p_n - m^2$$

解答 $m = 1 \cdot \dfrac{1}{4} + 2 \cdot \dfrac{1}{4} + 3 \cdot \dfrac{1}{4} + 4 \cdot \dfrac{1}{4} = \dfrac{5}{2}$

$\sigma^2 = \left(1^2 \cdot \dfrac{1}{4} + 2^2 \cdot \dfrac{1}{4} + 3^2 \cdot \dfrac{1}{4} + 4^2 \cdot \dfrac{1}{4}\right) - \left(\dfrac{5}{2}\right)^2 = \dfrac{5}{4}$

2 | 標本平均の分布

── 用語のまとめ ──

標本平均の分布

- 母集団から大きさ n の標本を無作為抽出する。この標本の変量を $X_1, X_2, \cdots,$ X_n とするとき，これらの平均

$$\overline{X} = \frac{X_1 + X_2 + \cdots + X_n}{n}$$

を **標本平均** という。
- 標本平均 $\overline{X}$ は，抽出される標本によって変化する確率変数である。

● **標本平均の平均と標準偏差** ························· 解き方のポイント

母平均 m，母標準偏差 σ の母集団から大きさ n の無作為標本を復元抽出するとき，その標本平均 $\overline{X}$ の平均と標準偏差は

平均：$E(\overline{X}) = m$

標準偏差：$\sigma(\overline{X}) = \dfrac{\sigma}{\sqrt{n}}$

教 p.89

問2 母平均 10，母分散 4 の母集団から大きさ 25 の標本を復元抽出するとき，その標本平均 $\overline{X}$ の平均と標準偏差を求めよ。

解答 $\overline{X}$ の平均は母平均に等しいから

$$E(\overline{X}) = 10$$

母分散が 4 のとき，母標準偏差は $\sqrt{4} = 2$ である。

したがって，$\overline{X}$ の標準偏差は

$$\sigma(\overline{X}) = \frac{2}{\sqrt{25}} = \frac{2}{5}$$

● **標本平均の分布** ························· 解き方のポイント

母平均 m，母分散 σ^2 の母集団から無作為抽出された大きさ n の標本平均 $\overline{X}$ の分布は，n が大きければ正規分布 $N\left(m, \dfrac{\sigma^2}{n}\right)$ と見なすことができる。

問3 母平均 50, 母標準偏差 10 の母集団から大きさ 200 の標本を抽出するとき, その標本平均 $\overline{X}$ の確率分布はどのような分布と見なせるか。

解答 正規分布 $N\left(m, \dfrac{\sigma^2}{n}\right)$ において

$$m = 50, \quad \sigma = 10, \quad n = 200$$

であるから

$$N\left(m, \frac{\sigma^2}{n}\right) = N\left(50, \frac{10^2}{200}\right)$$

すなわち　正規分布 $N\left(50, \dfrac{1}{2}\right)$ と見なせる。

問4 右の表のように, 4 から 7 までの数字を記入した 10 個の球を袋に入れ, これから大きさ 64 の標本を復元抽出する。このとき, 標本平均 $\overline{X}$ が 5.2 以上の値をとる確率を求めよ。

数字 X	4	5	6	7	計
個 数	4	3	2	1	10

考え方 母平均 m, 母分散 σ^2 を求め, 正規分布と見なす。さらに $\overline{X}$ を標準化して正規分布表を用いて確率を求める。

解答 母平均 m, 母分散 σ^2 はそれぞれ次のようになる。

$$m = 4\cdot\frac{4}{10} + 5\cdot\frac{3}{10} + 6\cdot\frac{2}{10} + 7\cdot\frac{1}{10} = 5$$

$$\sigma^2 = 4^2\cdot\frac{4}{10} + 5^2\cdot\frac{3}{10} + 6^2\cdot\frac{2}{10} + 7^2\cdot\frac{1}{10} - 5^2 = 1$$

標本平均 $\overline{X}$ の分布は $N\left(5, \dfrac{1}{64}\right)$ と見なせるから,

$\overline{X}$ を標準化した確率変数 $Z = \dfrac{\overline{X}-5}{\sqrt{\dfrac{1}{64}}}$ の分布は $N(0, 1)$ と見なせる。

$\overline{X} \geqq 5.2$ は $Z \geqq \dfrac{5.2-5}{\dfrac{1}{8}} = 1.6$　すなわち　$Z \geqq 1.6$ に対応するから

$$P(\overline{X} \geqq 5.2) = P(Z \geqq 1.6) = 0.5 - P(0 \leqq Z \leqq 1.6)$$
$$= 0.5 - u(1.6)$$
$$= 0.5 - 0.44520 = 0.05480$$

したがって, 標本平均 $\overline{X}$ が 5.2 以上の値をとる確率は　0.05480

3 | 母平均の推定

用語のまとめ

信頼区間

- 母平均 m について，m を含む確率が 95% であるような区間を考えることがある。これを母平均 m に対する **信頼度 95%の信頼区間** という。

推定

- 母集団の分布の特徴を表す値が未知のときに，得られた標本からその値を推測することを **推定** という。

母比率の推定

- 母集団の中で，ある性質 A をもつ個体の割合を p とする。この p を，性質 A をもつ個体の母集団における **母比率** という。
  母集団が多くの製品からなる場合，不良品の比率を不良率という。

● 信頼度 95%の信頼区間 ·· 解き方のポイント

母分散 σ^2 が分かっている母集団から抽出した大きさ n の標本の平均が $\overline{X}$ のとき，n が大きければ，母平均 m に対する信頼度 95%の信頼区間は

$$\overline{X} - 1.96 \cdot \frac{\sigma}{\sqrt{n}} \leqq m \leqq \overline{X} + 1.96 \cdot \frac{\sigma}{\sqrt{n}}$$

教 p.94

問5 ある工場で製造された製品の中から 900 個を無作為に抽出したところ，平均重量が 25 g であった。母標準偏差を 5 g として，製造された製品全体の平均重量 m に対する信頼度 95%の信頼区間を求めよ。

考え方 母標準偏差 σ，標本の大きさ n，標本平均 $\overline{X}$ の値を公式に代入する。

解答 母標準偏差を σ とすると

$$\sigma = 5, \quad n = 900, \quad \overline{X} = 25$$

であるから，m に対する信頼度 95% の信頼区間は

$$25 - 1.96 \cdot \frac{5}{\sqrt{900}} \leqq m \leqq 25 + 1.96 \cdot \frac{5}{\sqrt{900}}$$

$$25 - 0.327 \leqq m \leqq 25 + 0.327$$

すなわち $\quad 24.7 \leqq m \leqq 25.3$

よって，**24.7 g 以上 25.3 g 以下** となる。

教 p.94

問6 ある会社で製造された石けんの中から 100 個を無作為に抽出したところ，重さの平均は 89.6g，標準偏差は 4.8g であった。製造された石けん 1 個の重さの平均 m に対する信頼度 95% の信頼区間を求めよ。

考え方 母標準偏差 σ が分からないときは，標本の大きさ n が大きければ，σ の代わりに標本の標準偏差 s を用いる。

解答 標本の標準偏差を s とすると

$$s = 4.8,\ \ n = 100,\ \ \overline{X} = 89.6$$

である。母標準偏差の代わりに標本の標準偏差 s を用いると，m に対する信頼度 95% の信頼区間は

$$89.6 - 1.96 \cdot \frac{4.8}{\sqrt{100}} \leqq m \leqq 89.6 + 1.96 \cdot \frac{4.8}{\sqrt{100}}$$

$$89.6 - 0.941 \leqq m \leqq 89.6 + 0.941$$

すなわち $\qquad 88.7 \leqq m \leqq 90.5$

よって，**88.7g 以上 90.5g 以下** となる。

教 p.95

問7 ある検定試験の母標準偏差 σ は 15 点であると予想されている。この予想が正しいものとし，母平均 m を信頼度 95% で推定するとき，信頼区間の幅を 4 点以下にするには，標本の大きさ n を少なくともいくらにすればよいか。

考え方 信頼区間の幅は $2 \cdot 1.96 \cdot \frac{\sigma}{\sqrt{n}}$ であることから，n の値の範囲を求める。

解答 母平均 m に対する信頼度 95% の信頼区間の幅は $2 \cdot 1.96 \cdot \frac{\sigma}{\sqrt{n}}$ であるから

$$2 \cdot 1.96 \cdot \frac{\sigma}{\sqrt{n}} = 2 \cdot 1.96 \cdot \frac{15}{\sqrt{n}} = \frac{58.8}{\sqrt{n}} \leqq 4$$

よって $\qquad n \geqq \left(\frac{58.8}{4}\right)^2 = 216.09$

したがって，標本の大きさ n を **少なくとも 217** にすればよい。

● **母比率の推定** ┄┄┄┄┄┄┄┄┄┄┄┄┄ **解き方のポイント**

標本における比率 $\frac{X}{n}$ を p' とすると，n が十分大きいとき，母比率 p に対する信頼度 95% の信頼区間は

$$p' - 1.96\sqrt{\frac{p'(1-p')}{n}} \leqq p \leqq p' + 1.96\sqrt{\frac{p'(1-p')}{n}}$$

教 p.96

問8　ある選挙区で，100 人を無作為に選んで調べたところ，A 党の支持者が 40 人であった。この選挙区における A 党の支持率 p に対する信頼度 95% の信頼区間を求めよ。

考え方 標本における支持率 p' を求め，母比率 p に対する信頼区間の公式を用いる。

解答 標本における支持率 p' は

$$p' = \frac{X}{n} = \frac{40}{100} = 0.4$$

であるから，支持率 p に対する信頼度 95% の信頼区間は

$$0.4 - 1.96\sqrt{\frac{0.4 \cdot 0.6}{100}} \leqq p \leqq 0.4 + 1.96\sqrt{\frac{0.4 \cdot 0.6}{100}}$$

$$0.4 - 0.096 \leqq p \leqq 0.4 + 0.096$$

すなわち　　　　　　$0.304 \leqq p \leqq 0.496$

4 | 仮説検定の方法

用語のまとめ

母平均の検定

- 母集団に関する主張が妥当かどうかを判断する際に立てる仮説を **帰無仮説** という。一方で，統計的に検証したい仮説を **対立仮説** という。

- 帰無仮説と標本調査の結果から，帰無仮説が真といえるかどうかを判断することを，**仮説検定** または **検定** という。特に，帰無仮説を偽と判断することを，帰無仮説を **棄却** するという。

- 仮説検定では，起こる確率が 5% 以下である事象をほとんど起こり得ない事象と考えることが多いが，その基準となる確率を **有意水準** という。

- 帰無仮説が棄却される基準となる値の範囲を **棄却域** という。

片側検定と両側検定

- 仮定した母平均 m よりも大きい側と小さい側の両側に棄却域をとって考える検定を **両側検定** という。これに対し，m の片側にだけ棄却域をとって考える検定を **片側検定** という。

2章

● 仮説検定の手順 ·· 解き方のポイント

仮説検定を行う手順を示すと，次のようになる。
1 母集団に関する予想にもとづき，帰無仮説と対立仮説を設定する。
2 帰無仮説が真であると仮定し，その仮定のもとで，標本抽出の結果以上に極端な結果が得られる確率 p を求める。
3 有意水準と確率 p を比較して帰無仮説が棄却されるかどうかを判定し，母集団に関する予想の妥当性について判断する。

教 p.99

問9 例題5について，次のように条件を変更した場合，製品の寿命が伸びたと判断できるか。有意水準5%で検定せよ。
(1) 標本の平均寿命が 1515 時間であった場合
(2) 標本の大きさが 1225 個であった場合

考え方 (1) 例題5において，$\overline{X} = 1515$ として考える。
(2) 例題5において，$n = 1225$ として考える。

解答 例題5と同様，改良型の製品全体の平均寿命を m とすると，帰無仮説は $m = 1500$，対立仮説は $m > 1500$ となる。

(1) 標本の大きさ $n = 400$，母標準偏差 $\sigma = 100$ より，標本平均 $\overline{X}$ の分布は $N\left(1500, \dfrac{100^2}{400}\right)$ と見なせるから，$\overline{X}$ を標準化した確率変数 $Z = \dfrac{\overline{X} - 1500}{\dfrac{100}{\sqrt{400}}}$ の分布は $N(0, 1)$ と見なせる。

よって
$$P(\overline{X} - m \geq 15) = P\left(\frac{\overline{X} - 1500}{\frac{100}{\sqrt{400}}} \geq \frac{15}{\frac{100}{\sqrt{400}}}\right)$$
$$= P(Z \geq 3) = P(Z \geq 0) - P(0 \leq Z \leq 3)$$
$$= 0.5 - u(3) = 0.5 - 0.49865 = 0.00135$$

有意水準5%と比較すると
$$P(Z \geq 3) = 0.00135 < 0.05$$
したがって，$m = 1500$ という帰無仮説は棄却され，対立仮説を採用する。
すなわち，この製品の寿命は 伸びたと判断できる。

(2) 標本の大きさ $n = 1225$，母標準偏差 $\sigma = 100$ より，標本平均 $\overline{X}$ の分布は $N\left(1500, \dfrac{100^2}{1225}\right)$ と見なせるから，$\overline{X}$ を標準化した確率変数 $Z = \dfrac{\overline{X} - 1500}{\dfrac{100}{\sqrt{1225}}}$ の分布は $N(0, 1)$ と見なせる。

よって

$$P(\overline{X} - m \geqq 5) = P\left(\frac{\overline{X} - 1500}{\dfrac{100}{\sqrt{1225}}} \geqq \frac{5}{\dfrac{100}{\sqrt{1225}}}\right)$$

$$= P(Z \geqq 1.75) = P(Z \geqq 0) - P(0 \leqq Z \leqq 1.75)$$

$$= 0.5 - u(1.75) = 0.5 - 0.45994 = 0.04006$$

有意水準 5% と比較すると

$$P(Z \geqq 1.75) = 0.04006 < 0.05$$

したがって，$m = 1500$ という帰無仮説は棄却され，対立仮説を採用する。

すなわち，この製品の寿命は **伸びたと判断できる**。

教 p.100

問 10 例題 5 において，標本抽出の結果である $\overline{X}$ の値 $\overline{x} = 1505$ が，有意水準 5% の棄却域に含まれるかどうかを調べよ。

考え方 有意水準 5% の棄却域は $Z \geqq 1.64$ である。したがって，$\overline{X}$ の値 $\overline{x}$ を標準化した値 z が $Z \geqq 1.64$ の範囲に含まれるかどうか調べる。

解答 有意水準 5% の棄却域は $\quad Z \geqq 1.64$

例題 5 では，標本平均 $\overline{X}$ を標準化すると $Z = \dfrac{\overline{X} - 1500}{\dfrac{100}{\sqrt{400}}}$ であるから

$$\frac{1505 - 1500}{\dfrac{100}{\sqrt{400}}} = 1$$

したがって，標準化した変数 Z の値が $Z \geqq 1.64$ に含まれないから，$\overline{x} = 1505$ は **棄却域に含まれない**。

教 p.100

問11 ある母集団の未知の母平均 m について，帰無仮説を「$m=a$」，対立仮説を「$m<a$」として仮説検定を行う。母標準偏差を σ，標本の大きさを n，標本平均を $\overline{X}$ として，有意水準1%の棄却域を求めよ。

考え方 正規分布表から，確率 P の値が 0.01（$=1\%$）となるときの Z の値を求める。対立仮説が「$m<a$」であることに注意する。

解答 確率変数 Z が $N(0,1)$ に従うとき，正規分布表より
$$P(Z \leq -2.33) = 0.5 - u(2.33) \fallingdotseq 0.01$$
であるから，有意水準1%の棄却域は
$$Z \leq -2.33 \quad \cdots\cdots ①$$
となる。

　標本の大きさが n，母標準偏差が σ であるから，標本平均 $\overline{X}$ の分布は $N\left(a, \dfrac{\sigma^2}{n}\right)$ と見なせるから，$\overline{X}$ を標準化した確率変数 $Z = \dfrac{\overline{X}-a}{\dfrac{\sigma}{\sqrt{n}}}$ の分布は $N(0,1)$ と見なせる。

① より $\quad \dfrac{\overline{X}-a}{\dfrac{\sigma}{\sqrt{n}}} \leq -2.33$

したがって，$\overline{X}$ の棄却域は
$$\overline{X} \leq a - 2.33 \cdot \dfrac{\sigma}{\sqrt{n}}$$

教 p.101

問12 1個100gを基準に製造された石けん100個を無作為抽出して調査したところ，その平均は98.5gであった。製造された石けん全体の重さの標準偏差が4gであるとき，標本調査の結果から，石けんの重さは平均100gではないと判断できるか。有意水準5%で両側検定せよ。

考え方 帰無仮説と対立仮説を設定し，標本平均 $\overline{X}$ と母平均 m の差が1.5以上になる，すなわち
$$|\overline{X}-m| \geq 1.5$$
となる確率 $P(|\overline{X}-m| \geq 1.5)$ を求めて，判断の妥当性を調べる。
対立仮説は，統計的に検証したい仮定であるから，「石けんの重さは平均100gではない。」である。帰無仮説は対立仮説の否定であるから，「石けんの重さの平均は100gである。」となる。

解 答 製造された石けんの重さの平均を m, 帰無仮説を「$m=100$」とする。これに対して, 対立仮説を「石けんの重さの平均は $100\,\mathrm{g}$ ではない, すなわち $m \neq 100$」とする。

標本の大きさが $n=100$, 母標準偏差が $\sigma = 4$ より, 標本平均 $\overline{X}$ を標準化した確率変数は

$$Z = \frac{\overline{X} - 100}{\dfrac{4}{\sqrt{100}}}$$

となる。このとき, 両側検定すると

$$P(|\,\overline{X} - m\,| \geq 1.5) = P\left(\frac{|\,\overline{X} - 100\,|}{\dfrac{4}{\sqrt{100}}} \geq \frac{1.5}{\dfrac{4}{\sqrt{100}}} \right)$$

↑
$\overline{X} \leq 98.5$ か,
$101.5 \leq \overline{X}$
である確率

$$= P(|Z| \geq 3.75) = 2(0.5 - u(3.75))$$
$$= 2(0.5 - 0.49991) = 0.00018$$

有意水準 5% と比較すると

$$P(|Z| \geq 3.75) = 0.00018 < 0.05$$

したがって, 帰無仮説「$m=100$」は棄却され, 対立仮説を採用する。すなわち, 「石けんの重さは平均 $100\,\mathrm{g}$ ではない」と判断できる。

● **母比率の検定** .... **解き方のポイント**

1. 母比率を p として, 帰無仮説と対立仮説を立てる。

2. 確率変数を X とすると, 二項分布 $B(n, p)$ に従う標本の大きさ n が十分に大きいとき, $Z = \dfrac{X - np}{\sqrt{np(1-p)}}$ の分布は標準正規分布 $N(0, 1)$ と見なせる。(本書 99 ページの **解き方のポイント** を参照)

3. 標本における比率 $\dfrac{X}{n}$ を p' として, 上の式の分母と分子を n で割った式 $Z = \dfrac{p' - p}{\sqrt{\dfrac{p(1-p)}{n}}}$ に値を代入する。

4. $|p' - p|$ 以上に極端な結果が得られる確率を求め, 有意水準と比較して帰無仮説が棄却されるかどうかを判定する。

教 p.103

問13 さいころ A を 500 回投げたところ, 1 の目が出た回数は 101 回であった。この結果から, さいころ A の 1 の目が出る確率は $\dfrac{1}{6}$ ではないと判断できるか。有意水準 5% で両側検定せよ。

2 章

統計的な推測

考え方 母比率を p とすると，帰無仮説は「$p=\dfrac{1}{6}$」，対立仮説は「$p \neq \dfrac{1}{6}$」である。

1 の目が出た回数を X とすると，X の確率分布は二項分布 $B(n, p)$ であり，n が十分に大きければ正規分布 $N(np, np(1-p))$ と見なしてよいから，

$Z = \dfrac{X-np}{\sqrt{np(1-p)}}$ の分布は標準正規分布 $N(0, 1)$ と見なしてよい。標本における比率 $\dfrac{X}{n}$ を p' とすると，$Z = \dfrac{p'-p}{\sqrt{\dfrac{p(1-p)}{n}}}$ … ① と変形できる。

解 答 さいころ A の 1 の目が出る確率を母比率 p とし，帰無仮説を「$p=\dfrac{1}{6}$」，対立仮説を「$p \neq \dfrac{1}{6}$」とする。

さいころ A を投げた回数を n，そのうち，1 の目が出た回数を X とする。

標本における比率 $\dfrac{X}{n}$ を p' とすると，$Z = \dfrac{p'-\dfrac{1}{6}}{\sqrt{\dfrac{1}{500}\cdot\dfrac{1}{6}\cdot\left(1-\dfrac{1}{6}\right)}}$ の分布

は標準正規分布 $N(0, 1)$ と見なしてよい。

↰ ① に $n=500$，$p=\dfrac{1}{6}$ を代入

$p' = \dfrac{101}{500}$ であるから，両側検定すると

$$P\left(|\,p'-p\,| \geqq \frac{101}{500}-\frac{1}{6}\right)$$

$$= P\left(\frac{\left|\,p'-\dfrac{1}{6}\,\right|}{\sqrt{\dfrac{1}{500}\cdot\dfrac{1}{6}\cdot\left(1-\dfrac{1}{6}\right)}} \geqq \frac{\dfrac{101}{500}-\dfrac{1}{6}}{\sqrt{\dfrac{1}{500}\cdot\dfrac{1}{6}\cdot\left(1-\dfrac{1}{6}\right)}}\right)$$

$$= P(|\,Z\,| \geqq 2.12)$$

$$= 2\,(0.5 - u(2.12))$$

$$= 2\,(0.5 - 0.48300)$$

$$= 0.03400$$

有意水準 5% と比較すると

$$P(|\,Z\,| \geqq 2.12) = 0.03400 < 0.05$$

よって，帰無仮説「$p=\dfrac{1}{6}$」は棄却され，対立仮説「$p \neq \dfrac{1}{6}$」を採用する。

すなわち，さいころ A の 1 の目が出る確率は $\dfrac{1}{6}$ ではないと判断できる。

問 題

14 0から9までの数字を1つずつ記入した10個の球を袋に入れ，これを母集団とし，球に記入された数字を変量 X とする。この母集団から大きさ3の標本を復元抽出し，その標本平均を $\overline{X}$ とする。次の問に答えよ。

(1) X の平均と分散を求めよ。

(2) $\overline{X}$ の平均と分散を求めよ。

考え方 (2) 母平均 m，母分散 σ^2 の母集団から大きさ n の標本を復元抽出したとき，標本平均 $\overline{X}$ の平均と分散は，$E(\overline{X}) = m$，$V(\overline{X}) = \dfrac{\sigma^2}{n}$ となる。

解答 (1) 母集団分布は次の表のようになる。

X	0	1	2	3	4	5	6	7	8	9	計
P	$\dfrac{1}{10}$	$\dfrac{1}{10}$	$\dfrac{1}{10}$	$\dfrac{1}{10}$	$\dfrac{1}{10}$	$\dfrac{1}{10}$	$\dfrac{1}{10}$	$\dfrac{1}{10}$	$\dfrac{1}{10}$	$\dfrac{1}{10}$	1

よって，X の平均 m と分散 σ^2 は次のようになる。

平均は $m = 0 \cdot \dfrac{1}{10} + 1 \cdot \dfrac{1}{10} + 2 \cdot \dfrac{1}{10} + \cdots + 9 \cdot \dfrac{1}{10} = \dfrac{9}{2}$

分散は $\sigma^2 = 0^2 \cdot \dfrac{1}{10} + 1^2 \cdot \dfrac{1}{10} + 2^2 \cdot \dfrac{1}{10} + \cdots + 9^2 \cdot \dfrac{1}{10} - \left(\dfrac{9}{2}\right)^2 = \dfrac{33}{4}$

(2) (1)より，$\overline{X}$ の平均 $E(\overline{X})$ と分散 $V(\overline{X})$ は次のようになる。

平均は $E(\overline{X}) = m = \dfrac{9}{2}$

分散は $V(\overline{X}) = \dfrac{\sigma^2}{n} = \dfrac{33}{4} \div 3 = \dfrac{11}{4}$

15 母平均150，母標準偏差25の母集団から大きさ100の標本を抽出し，その標本平均を $\overline{X}$ とするとき，次の確率を求めよ。

(1) $P(\overline{X} \geqq 154)$

(2) $P(\overline{X} < 147)$

(3) $P(144 \leqq \overline{X} \leqq 156)$

考え方 標本平均 $\overline{X}$ の分布は，n が大きければ正規分布 $N\left(m, \dfrac{\sigma^2}{n}\right)$ と見なせるから，$\overline{X}$ を標準化した Z の分布は $N(0, 1)$ と見なせることを用いる。

解答 標本平均 $\overline{X}$ の分布は $N\left(150, \dfrac{25^2}{100}\right)$ すなわち $N(150, 2.5^2)$ と見なせるから，$\overline{X}$ を標準化した確率変数 $Z = \dfrac{\overline{X} - 150}{2.5}$ の分布は $N(0, 1)$ と見なせる。

2 章

統計的な推測

(1) $P(\overline{X} \geqq 154) = P\left(Z \geqq \dfrac{154 - 150}{2.5}\right) = P(Z \geqq 1.6)$

$\qquad = 0.5 - u(1.6) = 0.5 - 0.44520 = 0.05480$

(2) $P(\overline{X} < 147) = P\left(Z < \dfrac{147 - 150}{2.5}\right) = P(Z < -1.2) = P(Z > 1.2)$

$\qquad = 0.5 - u(1.2) = 0.5 - 0.38493 = 0.11507$

(3) $P(144 \leqq \overline{X} \leqq 156) = P\left(\dfrac{144 - 150}{2.5} \leqq Z \leqq \dfrac{156 - 150}{2.5}\right)$

$\qquad = P(-2.4 \leqq Z \leqq 2.4) = 2P(0 \leqq Z \leqq 2.4)$

$\qquad = 2u(2.4) = 2 \cdot 0.49180 = 0.98360$

16 次の標本は母平均 m，母分散 10^2 の母集団分布をもつ母集団から抽出されたものである。母平均 m に対する信頼度 95％ の信頼区間を求めよ。

$\qquad$ 109.5　106.8　117.2　106.3　107.5　105.8　107.9　104.0　107.9

考え方　標本から標本の大きさと標本平均を求め，母平均に対する信頼度 95％ の信頼区間の公式を用いる。

解　答　$\qquad$ 母標準偏差を σ とすれば　$\sigma = 10$

$\qquad$ 標本の大きさは　$n = 9$

$\qquad$ 標本平均は　$\overline{X} = \dfrac{109.5 + 106.8 + \cdots + 107.9}{9} = 108.1$

であるから，母平均 m に対する信頼度 95％ の信頼区間は

$\qquad 108.1 - 1.96 \cdot \dfrac{10}{\sqrt{9}} \leqq m \leqq 108.1 + 1.96 \cdot \dfrac{10}{\sqrt{9}}$

すなわち$\qquad 101.6 \leqq m \leqq 114.6$

17 ある工場で，製品の中から無作為に 625 個を抽出して調べたところ，25 個の不良品があった。製品全体についての不良率 p に対する信頼度 95％ の信頼区間を求めよ。

考え方　標本における不良品の割合から標本の不良率を求め，母比率に対する信頼度 95％ の信頼区間の公式を用いる。

解　答　標本の不良率 p' は

$\qquad p' = \dfrac{X}{n} = \dfrac{25}{625} = 0.04$

であるから，不良率 p に対する信頼度 95％ の信頼区間は

$\qquad 0.04 - 1.96\sqrt{\dfrac{0.04 \cdot 0.96}{625}} \leqq p \leqq 0.04 + 1.96\sqrt{\dfrac{0.04 \cdot 0.96}{625}}$

すなわち$\qquad 0.025 \leqq p \leqq 0.055$

18 バスケットボールの練習で A さんが 125 回のシュートをしたところ，75 回成功した。この結果から，A さんのシュートの成功率は 0.5 より大きいと判断できるか。有意水準 5% で片側検定せよ。

考え方 シュートの成功率を p として，帰無仮説，対立仮説を立てる。本書 p.115 の問 13 と同様に考える。

解答 シュートが成功する確率を母比率 p とし，帰無仮説を「$p = 0.5$」，対立仮説を「$p > 0.5$」とする。

シュートをした回数を n，そのうち成功した回数を X とする。

標本における比率を p' とすると，$Z = \dfrac{p' - 0.5}{\sqrt{\dfrac{0.5 \cdot (1 - 0.5)}{125}}}$ の分布は標準正

規分布 $N(0, 1)$ と見なしてよい。

$p' = \dfrac{75}{125} = \dfrac{3}{5} = 0.6$ であるから

$$P(p' - p \geqq 0.6 - 0.5) = P\left(\frac{p' - 0.5}{\sqrt{\dfrac{0.5 \cdot (1 - 0.5)}{125}}} \geqq \frac{0.1}{\sqrt{\dfrac{0.5 \cdot (1 - 0.5)}{125}}} \right)$$

$$= P(Z \geqq \sqrt{5}\,)$$

$$\doteqdot 0.5 - u(2.24)$$

$$= 0.5 - 0.48745$$

$$= 0.01255$$

有意水準 5% と比較すると

$$P(Z \geqq \sqrt{5}\,) \doteqdot 0.01255 < 0.05$$

よって，帰無仮説「$p = 0.5$」は棄却され，対立仮説「$p > 0.5$」を採用する。すなわち，シュートの成功率は 0.5 より大きいと判断できる。

19 母平均について仮説検定をするとき，次の 4 通りの結果が起こり得る。

	実際は帰無仮説が真	実際は帰無仮説が偽
帰無仮説を棄却しない	正しい判断	誤った判断
帰無仮説を棄却する	①	正しい判断

(1) 表の ① は，正しい判断，誤った判断のいずれか。

(2) ① が起こる確率は，何の値と一致するか。

解答 (1) **誤った判断**

(2) **有意水準** ⟵ 帰無仮説を棄却する確率が有意水準の値である。

練 習 問 題 A

1 赤球4個と白球6個がある。このとき，次の問に答えよ。

(1) この10個の球を1つの袋に入れ，この袋から同時に2個の球を取り出すとする。取り出した2個の球の中に含まれる赤球の個数 X の平均，分散，標準偏差を求めよ。

(2) この10個の球を赤球2個と白球3個ずつ2組に分け，2つの袋にそれぞれ入れる。それぞれの袋から1個ずつ取り出すとき，取り出した2個の球に含まれる赤球の個数 Y の平均，分散，標準偏差を求めよ。

考え方 X, Y のとる値 0, 1, 2 に対する確率を求め，平均，分散，標準偏差を求める。

解答 (1) X は 0, 1, 2 の値をとる確率変数であり，それぞれの値をとる確率は

$$P(X=0) = \frac{{}_6C_2}{{}_{10}C_2} = \frac{1}{3}$$

$$P(X=1) = \frac{{}_4C_1 \times {}_6C_1}{{}_{10}C_2} = \frac{8}{15}$$

$$P(X=2) = \frac{{}_4C_2}{{}_{10}C_2} = \frac{2}{15}$$

X	0	1	2	計
P	$\frac{1}{3}$	$\frac{8}{15}$	$\frac{2}{15}$	1

したがって，X の

平均は $E(X) = 0 \cdot \frac{1}{3} + 1 \cdot \frac{8}{15} + 2 \cdot \frac{2}{15} = \frac{4}{5}$

分散は $V(X) = 0^2 \cdot \frac{1}{3} + 1^2 \cdot \frac{8}{15} + 2^2 \cdot \frac{2}{15} - \left(\frac{4}{5}\right)^2 = \frac{32}{75}$

標準偏差は $\sigma(X) = \sqrt{V(X)} = \sqrt{\frac{32}{75}} = \frac{4\sqrt{6}}{15}$

(2) Y は 0, 1, 2 の値をとる確率変数であり，それぞれの値をとる確率は

$$P(Y=0) = \frac{3}{5} \cdot \frac{3}{5} = \frac{9}{25}$$

$$P(Y=1) = 2 \cdot \frac{2}{5} \cdot \frac{3}{5} = \frac{12}{25}$$

$$P(Y=2) = \frac{2}{5} \cdot \frac{2}{5} = \frac{4}{25}$$

Y	0	1	2	計
P	$\frac{9}{25}$	$\frac{12}{25}$	$\frac{4}{25}$	1

したがって，Y の

平均は $E(Y) = 0 \cdot \frac{9}{25} + 1 \cdot \frac{12}{25} + 2 \cdot \frac{4}{25} = \frac{4}{5}$

分散は $V(Y) = 0^2 \cdot \frac{9}{25} + 1^2 \cdot \frac{12}{25} + 2^2 \cdot \frac{4}{25} - \left(\frac{4}{5}\right)^2 = \frac{12}{25}$

2章 統計的な推測

標準偏差は $\sigma(Y) = \sqrt{V(Y)} = \sqrt{\dfrac{12}{25}} = \dfrac{2\sqrt{3}}{5}$

別解 (2) Y は二項分布 $B\left(2, \dfrac{2}{5}\right)$ に従う。よって

$$E(Y) = 2 \cdot \dfrac{2}{5} = \dfrac{4}{5} \qquad V(Y) = 2 \cdot \dfrac{2}{5} \cdot \dfrac{3}{5} = \dfrac{12}{25}$$

$$\sigma(Y) = \sqrt{V(Y)} = \dfrac{2\sqrt{3}}{5}$$

---

2 確率変数 X が正規分布 $N(m, \sigma^2)$ に従うとき，次の確率を求めよ。

(1) $P(X < m - 1.5\sigma)$ 　　　(2) $P(m - \sigma \le X \le m + \sigma)$

(3) $P(m - 2\sigma < X < m + 2\sigma)$ 　　(4) $P(X > m + 3\sigma)$

考え方 $Z = \dfrac{X - m}{\sigma}$ により X を標準化し，正規分布表を用いる。

解答 $Z = \dfrac{X - m}{\sigma}$ とすると，Z は $N(0, 1)$ に従う。

(1) $P(X < m - 1.5\sigma) = P\left(Z < \dfrac{(m - 1.5\sigma) - m}{\sigma}\right)$

$= P(Z < -1.5) = P(Z > 1.5) = 0.5 - u(1.5) = 0.5 - 0.43319 = 0.06681$

(2) $P(m - \sigma \le X \le m + \sigma) = P\left(\dfrac{(m - \sigma) - m}{\sigma} \le Z \le \dfrac{(m + \sigma) - m}{\sigma}\right)$

$= P(-1 \le Z \le 1) = 2P(0 \le Z \le 1) = 2u(1) = 2 \cdot 0.34134 = 0.68268$

(3) $P(m - 2\sigma < X < m + 2\sigma) = P\left(\dfrac{(m - 2\sigma) - m}{\sigma} < Z < \dfrac{(m + 2\sigma) - m}{\sigma}\right)$

$= P(-2 < Z < 2) = 2P(0 < Z < 2) = 2u(2) = 2 \cdot 0.47725 = 0.95450$

(4) $P(X > m + 3\sigma) = P\left(Z > \dfrac{(m + 3\sigma) - m}{\sigma}\right)$

$= P(Z > 3) = 0.5 - u(3) = 0.5 - 0.49865 = 0.00135$

---

3 あるアンケートの回収率は 60% であることが分かっている。
このアンケートを 400 枚発送したとき，そのうちの 260 枚以上が回収される確率を求めよ。

考え方 回収される枚数を X とすると，X は二項分布に従うから，正規分布で近似して，正規分布表を用いる。

解答 回収されるアンケートの枚数を X とすると，X は二項分布 $B(400, 0.6)$ に従うから，X の平均 m と標準偏差 σ はそれぞれ次のようになる。

$m = 400 \cdot 0.6 = 240$

$\sigma = \sqrt{400 \cdot 0.6 \cdot 0.4} = \sqrt{96} = 4\sqrt{6}$

ここで, $Z = \dfrac{X - m}{\sigma}$ は標準正規分布 $N(0, 1)$ に従うと見なしてよい。

また

$$\frac{260 - 240}{4\sqrt{6}} = \frac{20}{4\sqrt{6}} = \frac{5\sqrt{6}}{6} \fallingdotseq 2.04$$

であるから, 求める確率は次のようになる。

$$P(X \geqq 260) \fallingdotseq P(Z \geqq 2.04)$$
$$= 0.5 - u(2.04) = 0.5 - 0.47932 = 0.02068$$

したがって, 0.02068 である。

---

4 毎回の測定誤差が平均 0 mm, 標準偏差 0.03 mm の確率分布に従う測定器
がある。あるものの長さ l を 36 回測ってその平均 $\overline{X}$ を求めたところ,
$\overline{X} = 10.05\,(\text{mm})$ であった。真の長さ l に対する信頼度 95%の信頼区間
を求めよ。

考え方 母平均に対する信頼度 95%の信頼区間の公式を用いる。

解答 測定値の母標準偏差を σ とすれば, $\sigma = 0.03$, $n = 36$, $\overline{X} = 10.05$ であ
るから, 真の長さ l に対する信頼度 95%の信頼区間は

$$10.05 - 1.96 \cdot \frac{0.03}{\sqrt{36}} \leqq l \leqq 10.05 + 1.96 \cdot \frac{0.03}{\sqrt{36}}$$

すなわち $\qquad 10.04 \leqq l \leqq 10.06$

---

5 あるテレビ番組が, 無作為に選ばれた 500 世帯のうち 52 世帯で視聴され
ていることが分かった。この番組の視聴率 p に対する信頼度 95%の信頼
区間を求めよ。

考え方 標本における視聴率を求め, 母比率に対する信頼度 95%の信頼区間の公
式を用いる。

解答 標本における視聴率 p' は

$$p' = \frac{52}{500} = 0.104$$

であるから, 視聴率 p に対する信頼度 95%の信頼区間は

$$0.104 - 1.96 \sqrt{\frac{0.104 \cdot 0.896}{500}} \leqq p \leqq 0.104 + 1.96 \sqrt{\frac{0.104 \cdot 0.896}{500}}$$

すなわち $\qquad 0.077 \leqq p \leqq 0.131$

6 A社の製品100個を無作為抽出し，1個あたりの重さについて検査した。その結果，1個の重さの平均は表示されている値より0.9g小さく，標本の標準偏差は3.45gであった。この製品全体における1個あたりの重さは表示されている値と異なると判断できるかどうか検定したい。

(1) 帰無仮説と対立仮説を立てよ。

(2) 標本の標準偏差を母標準偏差と見なし，有意水準5%で検定せよ。

考え方 表示されている重さの値を母平均とし，$n = 100$，$\sigma = 3.45$ として，有意水準5%で両側検定する。

解答 (1) 帰無仮説

1個あたりの重さは表示されている値の通りである。

対立仮説

1個あたりの重さは表示されている値と異なる。

(2) 表示されている重さの値を母平均とし，m とする。

標本の大きさは $n = 100$ であり，母標準偏差は標本の標準偏差 $\sigma = 3.45$ を用いると，標本平均 $\overline{X}$ の分布は $N\left(m, \dfrac{\sigma^2}{n}\right)$ と見なせるから，$\overline{X}$ を標準化した確率変数 $Z = \dfrac{\overline{X} - m}{\dfrac{\sigma}{\sqrt{n}}}$ の分布は標準正規分布 $N(0, 1)$ と見なせる。

両側検定すると

$$
\begin{aligned}
P(|\overline{X} - m| \geqq 0.9) &= P\left(\frac{|\overline{X} - m|}{\dfrac{3.45}{\sqrt{100}}} \geqq \frac{0.9}{\dfrac{3.45}{\sqrt{100}}}\right) \\
&\fallingdotseq P(|Z| \geqq 2.61) \\
&= 2(0.5 - u(2.61)) \\
&= 2(0.5 - 0.49547) \\
&= 0.00906
\end{aligned}
$$

有意水準5%と比較すると

$$P(|Z| \geqq 2.61) = 0.00906 < 0.05$$

よって，帰無仮説は棄却され，対立仮説を採用する。

すなわち，A社の製品全体の1個あたりの重さは表示されている値と異なると判断できる。

練 習 問 題 B　　　　教 p.105

7 原点 O から出発して，座標平面上を動く点 P がある。1 個のさいころを
投げて 4 以下の目が出ると P は x 軸方向に $+1$ 動き，5 以上の目が出ると
P は y 軸方向に $+1$ 動く。さいころを 3 回投げたとき，P が到達する点の
座標を (X, Y) とする。$2X + Y$ の平均と分散を求めよ。

考え方　$E(aX + b) = aE(X) + b$，$V(aX + b) = a^2 V(X)$ を用いる。

また，X は二項分布 $B\left(3, \dfrac{2}{3}\right)$ に従うことを用いる。

解 答　P が到達する点の座標が (X, Y) であるから，さいころを 3 回投げたとき，
4 以下の目が出た回数が X，5 以上の目が出た回数が Y である。

さいころを 3 回投げるから，$X + Y = 3$ より　$Y = 3 - X$

よって，$2X + Y = 2X + (3 - X) = X + 3$ であるから

$$E(2X + Y) = E(X + 3) = E(X) + 3$$
$$V(2X + Y) = V(X + 3) = V(X)$$

ここで，X は二項分布 $B\left(3, \dfrac{2}{3}\right)$ に従うから

$$E(X) = 3 \cdot \frac{2}{3} = 2$$

$$V(X) = 3 \cdot \frac{2}{3} \cdot \left(1 - \frac{2}{3}\right) = \frac{2}{3}$$

したがって

平均は　$E(2X + Y) = E(X) + 3 = 2 + 3 = 5$

分散は　$V(2X + Y) = V(X) = \dfrac{2}{3}$

8 1 枚で 10 点を表すコインを 9 枚同時に投げるとき，次の問に答えよ。
(1) 表が出る枚数 X の平均，分散，標準偏差を求めよ。
(2) 表が出たコインをすべてもらえるとする。このときの得点 Y の平均，
分散，標準偏差を求めよ。ただし，手数料として 20 点は差し引かれ
るものとする。

考え方　(1)　X は二項分布 $B\left(9, \dfrac{1}{2}\right)$ に従う。

解 答　(1)　X は二項分布 $B\left(9, \dfrac{1}{2}\right)$ に従うから

平均は　　　　$E(X) = 9 \cdot \dfrac{1}{2} = \dfrac{9}{2}$

分散は　　　$V(X) = 9 \cdot \dfrac{1}{2} \cdot \left(1 - \dfrac{1}{2}\right) = \dfrac{9}{4}$

標準偏差は　$\sigma(X) = \sqrt{V(X)} = \dfrac{3}{2}$

(2)　$Y = 10X - 20$ であるから

平均は　　　$E(Y) = E(10X - 20) = 10E(X) - 20 = 10 \cdot \dfrac{9}{2} - 20 = 25$

分散は　　　$V(Y) = V(10X - 20) = 10^2\,V(X) = 100 \cdot \dfrac{9}{4} = 225$

標準偏差は　$\sigma(Y) = \sqrt{V(Y)} = \sqrt{225} = 15$

---

9 硬貨 3 枚を同時に投げる試行を 960 回行った。2 枚が表で 1 枚が裏である
回数を X とする。
(1)　X の平均と分散を求めよ。
(2)　$P(X < 330)$ を求めよ。

考え方 (1)　X は二項分布に従う。

(2)　二項分布を標準正規分布 $N(0,\ 1)$ と見なして，正規分布表を利用する。

解答 (1)　硬貨 3 枚を同時に投げるとき，2 枚が表で 1 枚が裏である確率は

$$_3\mathrm{C}_2\left(\dfrac{1}{2}\right)^2\left(1 - \dfrac{1}{2}\right) = \dfrac{3}{8}$$

これを 960 回繰り返すから，X は二項分布 $B\left(960,\ \dfrac{3}{8}\right)$ に従う。

したがって，X の平均 m と分散 σ^2 は次のようになる。

平均は　$m = 960 \cdot \dfrac{3}{8} = 360$

分散は　$\sigma^2 = 960 \cdot \dfrac{3}{8} \cdot \left(1 - \dfrac{3}{8}\right) = 225$

(2)　$Z = \dfrac{X - 360}{\sqrt{225}}$ とすると，Z は標準正規分布 $N(0,\ 1)$ に従うと見なし
てよい。また

$$\dfrac{330 - 360}{\sqrt{225}} = \dfrac{-30}{15} = -2$$

であるから，求める確率は次のようになる。

$$P(X < 330) = P(Z < -2) = P(Z > 2)$$
$$= 0.5 - u(2) = 0.5 - 0.47725$$
$$= 0.02275$$

2章

統計的な推測

10 ある工場で製造した電球の中から 625 個を標本抽出し電球の寿命を調べた
ところ，平均が 1410 時間，標準偏差が 200 時間であった。この工場で製
造した電球の平均寿命 m に対する信頼度 95%の信頼区間を求めよ。また，
信頼度 95%で平均寿命 m を推定するとき，信頼区間の幅を 10 時間以下
にするには標本の大きさを少なくともいくらにすればよいか。

考え方 母標準偏差が分からないので，母平均に対する信頼度 95%の信頼区間の
公式で，母標準偏差の代わりに標本の標準偏差を用いる。

解答 標本の標準偏差を s とすれば，$s = 200$，$n = 625$，$\overline{X} = 1410$ であるから，
平均寿命 m に対する信頼度 95%の信頼区間は

$$1410 - 1.96 \cdot \frac{200}{\sqrt{625}} \leqq m \leqq 1410 + 1.96 \cdot \frac{200}{\sqrt{625}}$$

すなわち $\qquad 1394 \leqq m \leqq 1426$

標本の大きさを n とすると，m に対する信頼度 95%の信頼区間の幅は

$$2 \cdot 1.96 \cdot \frac{200}{\sqrt{n}}$$

であるから，信頼区間の幅を 10 時間以下にするためには

$$2 \cdot 1.96 \cdot \frac{200}{\sqrt{n}} \leqq 10$$

ゆえに $\qquad n \geqq (2 \cdot 1.96 \cdot 20)^2 = 6146.56$

したがって，標本の大きさを少なくとも 6147 にすればよい。

11 ある高校で虫歯のない者の割合 p を推定するのに，無作為に 300 人を選ん
で虫歯のない者の人数を調べたら 9 人であった。p に対する信頼度 95%の
信頼区間を求めよ。

考え方 標本における虫歯のない者の割合を求め，母比率に対する信頼度 95%の
信頼区間の公式を用いる。

解答 標本における虫歯のない者の割合 p' は

$$p' = \frac{9}{300} = 0.03$$

であるから，p に対する信頼度 95%の信頼区間は

$$0.03 - 1.96\sqrt{\frac{0.03 \cdot 0.97}{300}} \leqq p \leqq 0.03 + 1.96\sqrt{\frac{0.03 \cdot 0.97}{300}}$$

すなわち $\qquad 0.01 \leqq p \leqq 0.05$

12 ある工場では，これまで 10 個に 1 個の割合で不良品が発生していた。これを改善するために新しい機械の導入が検討されている。新しい機械の試験導入で試作品を多数作り，その中から無作為に 100 個を抽出して検査を実施した。このとき，不良品が何個までなら有意水準 5% で不良品の割合が減少したと判断できるか。

考え方 試作品における不良品の割合を p として，帰無仮説，対立仮説を立てる。標準正規分布 $N(0, 1)$ において，$P(Z \leqq -1.64) = 0.05$ であることを用いる。本書 p.115 の問 13 も参照する。

解答 試作品における不良品の割合を p とすると，帰無仮説は「$p = \dfrac{1}{10}$」であり，対立仮説は「$p < \dfrac{1}{10}$」となる。

このとき，有意水準 5% で片側検定し，帰無仮説が棄却される条件を考える。大きさ 100 の標本中に含まれる不良品の個数を X とすると，標本における不良品の比率は $\dfrac{X}{100}$ であるから，$Z = \dfrac{\dfrac{X}{100} - p}{\sqrt{\dfrac{p(1-p)}{100}}}$ の分布は標準正規分布 $N(0, 1)$ と見なしてよい。

$$P(Z \leqq -1.64) = 0.05$$

であるから，$Z \leqq -1.64$ が成り立つとき，帰無仮説は棄却される。すなわち

$$\frac{\dfrac{X}{100} - p}{\sqrt{\dfrac{p(1-p)}{100}}} \leqq -1.64 \quad \cdots\cdots ①$$

$p = \dfrac{1}{10}$ であるから，左辺を計算すると

$$\frac{\dfrac{X}{100} - p}{\sqrt{\dfrac{p(1-p)}{100}}} = \frac{\dfrac{X}{100} - \dfrac{1}{10}}{\sqrt{\dfrac{1}{100} \cdot \dfrac{1}{10} \cdot \dfrac{9}{10}}} = \frac{X - 10}{3} \quad \cdots\cdots ②$$

①，② より $\dfrac{X - 10}{3} \leqq -1.64$

よって $X \leqq 5.08$

したがって，不良品が 5 個 までなら有意水準 5% で不良品の割合が減少したと判断できる。

活用   世論調査と支持率   教 p.106

考察1　ひと月前の世論調査から，全国において内閣を支持する人の割合 p が 51% であると仮定する。このとき，無作為抽出した 900 人の標本における支持率 p' が，母比率より 2% 以上も上下する結果はどの程度起こり得るだろうか。有意水準 5% で両側検定してみよう。

解答　帰無仮説を「$p = 0.51$」，対立仮説を「$p \neq 0.51$」とする。

$Z = \dfrac{p' - p}{\sqrt{\dfrac{p(1-p)}{n}}}$ は標準正規分布 $N(0, 1)$ に従うと見なしてよい。

今回の比率 p' が p より 0.02 以上も上下する確率を求める。A 新聞の世論調査では標本の大きさは $n = 900$ であるから

$$P(|p' - p| \geq 0.02) = P\left(\frac{|p' - 0.51|}{\sqrt{\dfrac{0.51 \cdot 0.49}{900}}} \geq \frac{0.02}{\sqrt{\dfrac{0.51 \cdot 0.49}{900}}} \right)$$

$$\fallingdotseq P(|Z| \geq 1.2)$$

$$= 2(P(Z \geq 0) - P(0 \leq Z \leq 1.2))$$

$$= 2(0.5 - u(1.2)) = 2(0.5 - 0.38493)$$

$$= 0.23014$$

よって，およそ 23% の確率で起こり得るといえる。

有意水準 5% と比較すると

$$P(|Z| \geq 1.2) = 0.23014 > 0.05$$

よって，帰無仮説は棄却されない。

したがって，割合 p が変化したとは判断できない。

考察2　B 新聞の世論調査についても，考察 1 の結果と同様に捉えてよいだろうか。右の記事（省略）を参考に考えてみよう。

考え方　考察 1 において，$n = 2500$ として考える。

解答　B 新聞の世論調査では標本の大きさ $n = 2500$ である。

考察 1 と同様にして

$$P(|p' - p| \geq 0.02) = P\left(\frac{|p' - 0.51|}{\sqrt{\dfrac{0.51 \cdot 0.49}{2500}}} \geq \frac{0.02}{\sqrt{\dfrac{0.51 \cdot 0.49}{2500}}} \right)$$

$$\fallingdotseq P(|Z| \geq 2)$$

$$= 2(P(Z \geq 0) - P(0 \leq Z \leq 2))$$

$$= 2(0.5 - u(2))$$
$$= 2(0.5 - 0.47725)$$
$$= 0.04550$$

有意水準 5% と比較すると

$$P(|Z| \geqq 2) = 0.04550 < 0.05$$

よって，帰無仮説は棄却され，割合 p が変化したと判断できる。

したがって，考察 1 の結果と **同様に捉えることはできない。**

考察3 有意水準 5% の両側検定のもとで，新たな支持率が前回の 51% から 1% でも変化すれば母比率 p も変化したと言えるようにするためには，世論調査の対象を最低でも何人に設定すればよいか考えてみよう。

考え方 有意水準 5% の両側検定のもとで，$P(|Z| \geqq 1.96) = 0.05$ であるから，帰無仮説が棄却されるような n の範囲を求めればよい。

解 答 1% 変化したとき，両側検定を考えると

$$P(|p' - p| \geqq 0.01)$$

$$= P\left(\frac{|p' - p|}{\sqrt{\dfrac{p(1-p)}{n}}} \geqq \frac{0.01}{\sqrt{\dfrac{p(1-p)}{n}}} \right) = P\left(|Z| \geqq \frac{0.01}{\sqrt{\dfrac{p(1-p)}{n}}} \right)$$

となる。

$$P(|Z| \geqq 1.96) = 0.05$$

であるから，有意水準 5% の両側検定のもとで，p も変化したと言えるようにするためには

$$\frac{0.01}{\sqrt{\dfrac{p(1-p)}{n}}} \geqq 1.96$$

すなわち

$$\sqrt{n} \geqq 196\sqrt{p(1-p)}$$

となればよい。

両辺は正であるから，両辺を 2 乗すると

$$n \geqq 38416\,p(1-p) \quad \cdots\cdots ①$$

となるから，例えば，$p = 0.51$ のとき

$$n \geqq 38416 \cdot 0.51 \cdot 0.49 = 9600.1\cdots$$

すなわち，最低でも **9601 人** に設定すればよい。

補足 ① より，世論調査の対象を何人に設定すればよいかは，母比率 p の値によって変わる。また，母集団の大きさには依存しない。

3章 数学と社会生活

1節 現象と数学

1節 現象と数学

1 | 現象のモデル

―――― 用語のまとめ ――――

モデル

- 対象となる自然や社会の現象の振る舞いについて，ある程度簡略化しながらも，その特徴を的確に捉えて表現したものを **モデル** という。特に，数学を用いて表現したものを数学的モデルという。

回帰直線

- 対応する 2 つの変量からなるデータの分布の傾向を表す直線を **回帰直線** という。

教 p.110

問1 次の (ア) ～ (ク) の現象における x と y の関係について考えよう。

(ア) 動く歩道に乗っている時間 x と移動した距離 y

(イ) 走る速さ x と目的地に到着するまでにかかる時間 y

(ウ) ある年の元日からの経過日数 x と日ごとの日照時間 y

(エ) 厚みが一定なピザの直径 x と重量 y

(オ) 植物の死後の経過年数 x と炭素 14 の数が半減する期間 y

(カ) ある金額を年利率 1% で預金してからの経過年数 x と元利合計 y

(キ) 光源からの距離 x と照らされるスクリーンの明るさ y

(ク) 冷たい飲み物を常温の部屋に放置した時間 x と飲み物の温度 y

(1) 変量 x の増加にともなって，変量 y はどのように変化すると考えられるか。次の ① ～ ④ からそれぞれ選べ。

① 増加する　　　　　　② 減少する

③ 増減を繰り返す　　　④ 変化しない

(2) (1) において ① を選んだ現象について，y の増加のしかたは，どのようであると考えられるか。次の ① ～ ③ のグラフから選べ。

(図は省略)

① 一定に増加する　　　② 増加が加速する

③ 増加が鈍化する

(3) (2) の ② のように，x の増加にともなって y の増加が加速する関数は，どのようなものがあるか。思いつくだけ挙げよ。

解答 (1) (ア) ①　　(イ) ②　　(ウ) ③　　(エ) ①

(オ) ④　　(カ) ①　　(キ) ②　　(ク) ①

(2) (ア) ①　　(エ) ②　　(カ) ②　　(ク) ③

(3) 2 次関数や 3 次関数の一部，底が 1 より大きい指数関数 など

Case1. 海に浮かぶ鳥居を見るには

教 p.113

問1　(1) 上の表 (省略) における経過時間 t と海面の高さ h の組を点 (t, h) として，次の座標平面上 (省略) に記入せよ。

(2) これまでに学習した関数で，そのグラフの一部の概形が，(1) で記入した点の配置と近いものを，思いつくだけ挙げよ。さらに，潮の満ち引きという現象の特徴も踏まえて，$h = f(t)$ として適当であると考えられる関数を答えよ。

解 答　(1)

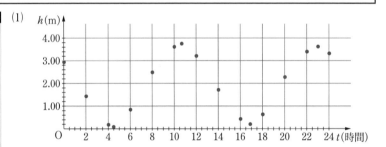

(2) 三角関数

教 p.114

問2　教科書 113 ページの表のデータを用いて，① における定数 r, ω, α, β の値を定めよう。ただし，それぞれの値は，小数第 3 位を四捨五入して小数第 2 位まで求めるものとする。

(1) 三角関数 $f(t)$ の最大値と最小値について考える。データにおける h の最大値 M，最小値 m を，それぞれ $f(t)$ の最大値，最小値と考えて，r と β の値を定めよ。

(2) 三角関数 $f(t)$ の周期について考える。(1) で用いた $h = M$, m のそれぞれに対応する t の値 t_M, t_m の差を，$f(t)$ の周期の半分と考えて，ω の値を定めよ。

(3) 曲線 $h = f(t)$ が点 (t_M, M) を通るように，教科書巻末の三角比の表を利用して，α の値を定めよ。

解答 (1) 表のデータから

$$M = 3.76, \quad m = 0.09$$

であるから

$$r = \frac{3.76 - 0.09}{2} \fallingdotseq 1.84$$

$\beta = (\text{最小値}) + r$ であるから

$$\beta \fallingdotseq 0.09 + 1.84 = 1.93$$

(2) h が最大値 3.76 をとるとき $\quad t = 10.68$

すなわち $\quad t_M = 10.68$

h が最小値 0.09 をとるとき $\quad t = 4.47$

すなわち $\quad t_m = 4.47$

三角関数 $f(t)$ の周期は $\dfrac{2\pi}{\omega}$ で，その半分は $\dfrac{\pi}{\omega}$ であるから

$$\omega = \frac{\pi}{10.68 - 4.47} = \frac{3.14}{6.21} \fallingdotseq 0.51$$

(3) 点 (t_M, M) すなわち点 $(10.68, 3.76)$ を通ることから

$$3.76 = 1.84\sin(0.51 \cdot 10.68 + \alpha) + 1.93$$

したがって

$$\sin(5.45 + \alpha) \fallingdotseq 0.9946$$

三角比の表より $\quad \sin 84° = 0.9945$

$84°$ は $\pi \cdot \dfrac{84}{180}$ ラジアンであるから

$$5.45 + \alpha = \pi \cdot \frac{84}{180}$$

これを解くと $\quad \alpha \fallingdotseq -3.98$（$\pm 2\pi$ した値はすべてあてはまる。）

教 p.114

問3 情報機器等を用いて，教科書 113 ページの問 1 の表のデータを記入した座標平面上に，曲線 $h = f(t)$ $(0 \leqq t \leqq 24)$ を重ねてかけ。また，曲線 $h = f(t)$ が，問 1 で記入した点の配置と近いことを確かめよ。

解答

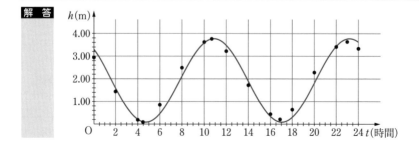

グラフと点の配置を比べると，曲線 $h = f(t)$ が，問 1 で記入した点の配置と近いことが分かる。

問 4 海面の高さが 2.5 m 以上であれば，嚴島神社が海に浮かんで見えるという。問 2 や問 3 の結果を利用して，3 月 23 日における「海に浮かぶ嚴島神社」が見える時間帯を推測せよ。

考え方 問 3 のグラフを伸ばして，3 月 23 日の様子が分かるようにする。

解 答 下の図のようにグラフを伸ばすと，3 月 23 日において，日中に $h \geqq 2.5$ となるのは，およそ $33 \leqq t \leqq 38$ の範囲であるから，「海に浮かぶ嚴島神社」が見える時間帯は，**9 時頃から 14 時頃まで** であると推測できる。

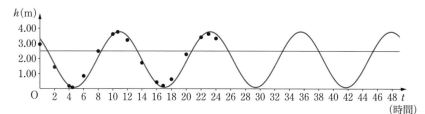

課題 1 教科書 114 ページの問 3 で考えた曲線 $h = f(t)$ は，一部の干潮と満潮のデータのみを用いて決定したものであり，残りのデータを表す 15 個の点との関係は考慮されていない。そこで，曲線がより多くのデータを表す点に近くなるよう，教科書 114 ページの ① の求め方を工夫してみよう。

(1) 満潮時の海面の高さの平均 M と，干潮時の海面の高さの平均 m を求め，$f(t)$ の最大値を M，最小値を m と考えて r と β の値を定めよ。

(2) 満潮から次の満潮までの間隔 D と，干潮から次の干潮までの間隔 d を求め，D と d の平均を $f(t)$ の周期と考えて ω の値を定めよ。

(3) 曲線 $y = f(t)$ がデータを表す点に近くなるような α の値を，情報機器等を用いて α の値を様々に変えながら調べて定めよ。

解 答 (1) $t = 10.68$ のとき $h = 3.76$

$t = 23.00$ のとき $h = 3.63$

であるから，平均を求めて

$$M = \frac{3.76 + 3.63}{2} = 3.695$$

また

$t = 4.47$ のとき $\qquad h = 0.09$

$t = 16.88$ のとき $\qquad h = 0.21$

であるから，平均を求めて

$$m = \frac{0.09 + 0.21}{2} = 0.15$$

よって $\qquad r = \dfrac{3.695 - 0.15}{2} \fallingdotseq 1.77$

また $\qquad \beta = 0.15 + 1.77 \fallingdotseq 1.92$

(2) $\qquad D = 23.00 - 10.68 = 12.32$

$d = 16.88 - 4.47 = 12.41$

$f(t)$ の周期は $\dfrac{2\pi}{\omega}$ であるから

$$\omega = \frac{2\pi}{\dfrac{12.32 + 12.41}{2}} \fallingdotseq \frac{12.56}{24.73} \fallingdotseq 0.51$$

(3) (1)，(2) より

$$f(t) = 1.77 \sin(0.51t + \alpha) + 1.92$$

$y = f(t)$ がデータを表す点に近くなるような α の値は，例えば

$$\alpha = 2.53$$

教 p.115

課題2 次の表（省略）は，2019年3月23日における広島湾の海面の高さ
のデータである。$t = 24$ は，3月23日の午前0時を表している。

$0 \leqq t \leqq 48$ の範囲で，座標平面上に表のデータを表す点 (t, h) を記入
し，情報機器等を用いて曲線 $h = f(t)$ を重ねてかけ。さらに，問4
で推測した「海に浮かぶ嚴島神社」が見える時間帯の精度を確認せよ。

解答 グラフは下の図のようになる。グラフより，「海に浮かぶ嚴島神社」が見
える時間帯は，8時40分頃から13時30分頃までと読み取ることができ，
問4で推測した時間帯にほぼ等しい。

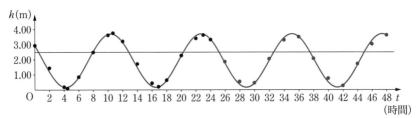

Case2. スマートフォンの普及を追う

教 p.116

問1 2005年からの経過年数を x（年），スマートフォンの稼働台数を y（千万台）として，表1（省略）のデータが表す点 (x, y) を，図1（省略）の座標平面上に記入せよ。

解答

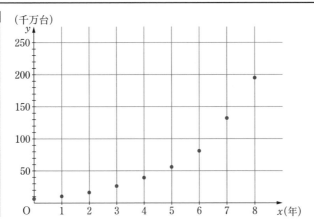

教 p.117

問2 これまでに学習した関数で，そのグラフの一部の概形が，教科書116ページの図1に記入した点の配置と近いものを，思いつくだけ挙げよ。

解答 2次関数や3次関数の一部，底が1より大きい指数関数 など

教 p.117

問3 2次関数 $y = f(x)$ は，そのグラフ上の異なる3点の座標が分かれば，1つに決まる。

(1) 教科書116ページの図1において，前半の5年間のデータを表す点のうち点 $(0, 6)$，$(2, 16)$，$(4, 39)$ の3点を用い，グラフがこの3点を通るような2次関数を求めよ。

(2) (1)で求めた2次関数のグラフが，後半の4年間のデータを表す点の近くを通るかどうか調べよ。

考え方 (1) 2次関数を $f(x) = ax^2 + bx + c$ とおいて，通る点の座標を代入して連立方程式をつくり，その連立方程式を解き，a, b, c の値を求める。

(2) (1)で求めた式に $x = 5$, 6, 7, 8 をそれぞれ代入して値を求め，実際の値と比べる。

解 答

(1) $f(x) = ax^2 + bx + c$ とする。

点 $(0, 6)$, $(2, 16)$, $(4, 39)$ の x 座標, y 座標の値をそれぞれ代入して

$$\begin{cases} 6 = c & \cdots\cdots ① \\ 16 = 4a + 2b + c & \cdots\cdots ② \\ 39 = 16a + 4b + c & \cdots\cdots ③ \end{cases}$$

① を ② に代入して $\quad 16 = 4a + 2b + 6$

すなわち $\quad 2a + b = 5 \quad \cdots\cdots ④$

① を ③ に代入して $\quad 39 = 16a + 4b + 6$

すなわち $\quad 4a + b = \dfrac{33}{4} \quad \cdots\cdots ⑤$

⑤ $-$ ④ より $\quad 2a = \dfrac{13}{4}$

$$a = \dfrac{13}{8}$$

④ より $\quad \dfrac{13}{4} + b = 5$

$$b = \dfrac{7}{4}$$

よって $\quad a = \dfrac{13}{8}, \ b = \dfrac{7}{4}, \ c = 6$

したがって

$$f(x) = \dfrac{13}{8}x^2 + \dfrac{7}{4}x + 6 \quad \cdots\cdots ⑥$$

(2) ⑥ に $x = 5, \ 6, \ 7, \ 8$ をそれぞれ代入すると

$$f(5) = \dfrac{13}{8} \cdot 5^2 + \dfrac{7}{4} \cdot 5 + 6 = \dfrac{443}{8} = 55.375$$

$$f(6) = \dfrac{13}{8} \cdot 6^2 + \dfrac{7}{4} \cdot 6 + 6 = 75$$

$$f(7) = \dfrac{13}{8} \cdot 7^2 + \dfrac{7}{4} \cdot 7 + 6 = \dfrac{783}{8} = 97.875$$

$$f(8) = \dfrac{13}{8} \cdot 8^2 + \dfrac{7}{4} \cdot 8 + 6 = 124$$

x の値が大きくなるほど, 代入して求めた値は実際の値から離れていく。したがって, 2次関数のグラフは後半の4年間のデータを表す点の**近くを通る**とはいえない。

教 p.118

問4 教科書巻末の常用対数表を利用して，次の常用対数の値を求めよ。

(1) $\log_{10} 81$ (2) $\log_{10} 195$

解答 (1) $\log_{10} 81 = \log_{10} 8.1 + \log_{10} 10$

$= 0.9085 + 1$

$= 1.9085$

(2) $\log_{10} 195 = \log_{10} 1.95 + \log_{10} 100$

$= 0.2900 + 2$

$= 2.2900$

教 p.118

問5 表2（省略）のデータが表す点 (x, Y) を，図2（省略）の座標平面上に記入せよ。

解答

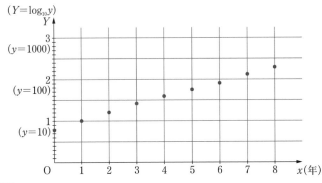

教 p.119

問6 教科書118ページの図2に記入した点から，例えば $x = 1$，8に対応する2点を選んで直線で結ぶことで，Y を x の1次関数で表せ。

考え方 2点 (x_1, y_1)，(x_2, y_2) を通る直線の方程式は

$x_1 \neq x_2$ のとき $y - y_1 = \dfrac{y_2 - y_1}{x_2 - x_1}(x - x_1)$

である。

解答 $Y = ax + b$ とする。

データを表す点のうち，2点 $(1, 1.0000)$，$(8, 2.2900)$ を通る直線の方程式は

$Y - 1 = \dfrac{2.29 - 1}{8 - 1}(x - 1)$

整理すると

$Y = 0.184x + 0.816$

教 p.119

問7 問6で求めた1次関数を用いて，y を x の指数関数 $f(x)$ で表せ。

解 答 問6より　　$\log_{10} y = 0.184x + 0.816$

したがって　　$f(x) = 10^{0.184x + 0.816}$

教 p.119

問8 問7で求めた関数 $y = f(x)$ のグラフが，教科書116ページの図1に記入した点の近くを通るかどうかを，情報機器等を用いて調べよ。

解 答 問7で求めた関数のグラフは，下の図のようになる。

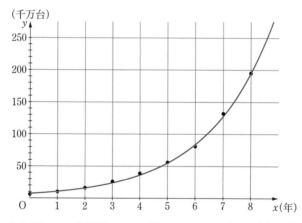

したがって，教科書 p.116 の図1に記入した点の **近くを通る**。

教 p.119

問9 問7や問8の結果を利用して，2014年のスマートフォンの稼働台数を推測せよ。

解 答 2014年は経過年数9年であるから，問7で求めた関数に $x = 9$ を代入して

$$f(9) = 10^{0.184 \times 9 + 0.816} = 10^{2.472} \fallingdotseq 296 \ (千万台)$$

すなわち　　**29億6千万台**

課題1 パソコンやスマートフォンに内蔵され，その制御や演算を担うマイクロプロセッサは，より多くのトランジスタを積載することで性能の向上が期待できる。次の表（省略）は，ある企業がこれまでに開発したいくつかのマイクロプロセッサにおける，それらが発表された西暦 x（年）と，それらに積載されたトランジスタの数 y（千個）のデータである。

(1) 上の表（省略）のデータを，教科書118ページの図2と同様のグラフに表せ。

(2) (1)の結果を利用して，y を x の指数関数 $f(x)$ で表せ。

考え方 (1) $Y = \log_{10} y$ として，Y の値を求めてグラフをかく。

解答 (1) 与えられた表の y の値について常用対数をとると，下の表のようになる。点 (x, Y) を座標平面上に記入すると，下の図のようになる。

x	y	Y ($\log_{10} y$)
1971	2.3	0.361728
1974	4.5	0.653213
1978	29	1.462398
1982	134	2.127105
1989	1200	3.079181
1993	3100	3.491362
1997	7500	3.875061
2000	42000	4.623249
2006	291000	5.463893
2008	731000	5.863917
2016	3200000	6.505150

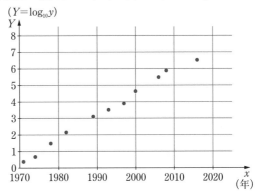

(2) データを表す点のうち，例えば2点

$$(1971, 0.361728), \quad (2006, 5.463893)$$

を通る直線の方程式を求めると

$$Y - 0.361728 = \frac{5.463893 - 0.361728}{2006 - 1971}(x - 1971)$$

整理すると

$$Y = 0.145776x - 286.963$$

となる。したがって

$$f(x) = 10^{0.145776x - 286.963}$$

Case3. 入学式に桜は咲くか

問1 次の表（省略）のデータを，下の散布図（省略）にプロットせよ。また，データの分布の傾向を表す直線について，自分ならどのような直線を引くかを考え，実際に散布図に記入せよ。

解答

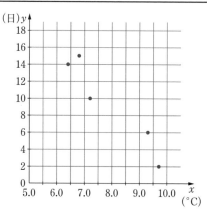

（直線は省略）

● **回帰直線** ‥‥‥‥‥‥‥‥‥‥‥‥‥‥‥‥‥‥‥‥‥‥‥‥ **解き方のポイント**

対応する2つの変量 x, y の値の組 (x_1, y_1), (x_2, y_2), $\cdots$, (x_n, y_n) からなるデータにおける，x から y を定める回帰直線の方程式は，次のようになる。

$$y = \frac{s_{xy}}{s_x{}^2}(x - \overline{x}) + \overline{y}$$

ただし，$s_x{}^2$ は x の分散，s_{xy} は x と y の共分散，$\overline{x}$ と $\overline{y}$ はそれぞれ x と y の平均値である。

問2 教科書121ページの問1について考えよう。なお，問1の表のデータにおける x の分散は $s_x{}^2 = 1.83$，x と y の共分散は $s_{xy} = -6.31$ である。

   (1) 問1の表のデータにおける，x から y を定める回帰直線の方程式を求めよ。また，求めた回帰直線を問1の散布図に記入せよ。

   (2) (1)の結果を用いて，$x = 8.0$ のとき開花日が何日であるかを推測し，その結果を2010年のデータと比較せよ。

解 答 (1) 教科書 p.121 の問 1 の表において

$$\bar{x} = \frac{7.2 + 9.7 + 6.8 + 9.3 + 6.4}{5} = 7.88$$

$$\bar{y} = \frac{10 + 2 + 15 + 6 + 14}{5} = 9.4$$

したがって，回帰直線の方程式は

$$y = -\frac{6.31}{1.83}(x - 7.88) + 9.4$$

整理すると

$$y = -3.45x + 36.57$$

問 1 の図に回帰直線を記入すると，右の図のようになる。

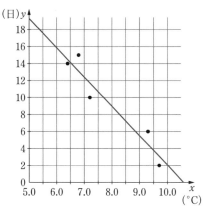

(2) 回帰直線を表す式に $x = 8.0$ を代入すると

$$y = -3.45 \cdot 8.0 + 36.57 = 8.97$$

したがって，2010 年は 4 月 9 日 と推測できる。

2010 年のデータは 4 月 9 日であるから，一致している。

教 p.123

問 3 教科書 120 ページの表 1 のデータについて考えよう。必要であれば情報機器等を用いてよい。

(1) x の分散および x と y の共分散を求めよ。

(2) x から y を定める回帰直線の方程式を求めよ。また，求めた回帰直線を教科書 120 ページの散布図に記入せよ。

(3) (2) の結果を利用して，2020 年の桜の開花日を推測せよ。

解 答 (1) 教科書 p.120 の表 1 について，情報機器等を用いて，x の分散 $s_x{}^2$，x と y の共分散 s_{xy} を求めると

$$s_x{}^2 = 1.37, \quad s_{xy} = -4.51$$

となる。したがって

x の分散は　1.37

x と y の共分散は　-4.51

(2)　x の平均値 $\overline{x}$，y の平均値 $\overline{y}$ は

$$\overline{x} = 8.2, \quad \overline{y} = 9.58$$

であるから，x から y を定める回帰直線の方程式は

$$y = \frac{-4.51}{1.37}(x - 8.2) + 9.58$$

整理すると

$$y = -3.3x + 36.57$$

教科書 p.120 の散布図に，回帰直線を記入すると，右の図のようになる。

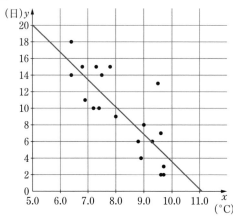

(3)　2020 年の 2 月，3 月の日ごとの最高気温の平均値は 10.3℃ であるから

$$y = -3.3 \times 10.3 + 36.57 = 2.58$$

したがって，2020 年の桜の開花日は 4 月 3 日 と推測できる。

参考　実際に，2020 年の長野市の開花日は 4 月 3 日であったので，推測した値と一致した。

教 p.123

課題1　熱中症の予防を目的とした指標の1つに，暑さ指標（Wet Bulb Globe Temperature）がある。暑さ指数は摂氏度（℃）を単位とする数値で表されるが，気温とは異なり，複数の条件下で得られた温度を組み合わせて算出される。暑さ指数が28℃以上になると，すべての生活活動において熱中症が起こる危険性があるとされている。

下の表（省略）は，2019年7月の日ごとの，東京都，大阪市，名古屋市，新潟市，広島市，福岡市の6都市における暑さ指数の平均値 x（℃）と，全国で熱中症により搬送された人数 y（人）のデータである。

x と y の関係を式に表そう。必要であれば情報機器等を用いてよい。

(1)　上の表（省略）をもとに散布図を作成し，データの分布の傾向を確認せよ。

(2)　$Y = \log_{10} y$ として，横軸に x，縦軸に Y をとり散布図を作成せよ。

(3)　分散 $s_x{}^2$，共分散 s_{xY} を求めて，x から Y を定める回帰直線の方程式を求めよ。さらに，求めた回帰直線を (2) のグラフに記入せよ。

(4)　(3) で求めた回帰直線の方程式より，7月における6都市の暑さ指数の平均値 x と全国の熱中症により搬送された人数 y の関係を表す式を求めよ。また，暑さ指数が35℃のときの搬送者数を推測せよ。

解答　(1)　情報機器等を利用して散布図をかくと，次のようになる。

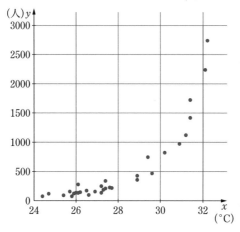

(2) x と Y の散布図は次のようになる。

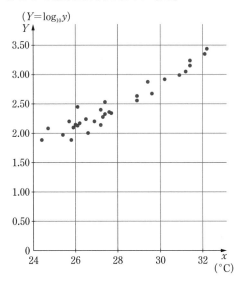

$(Y=\log_{10}y)$

(3) 情報機器等を用いて，x の平均値 $\overline{x}$，Y の平均値 $\overline{Y}$，x の分散 $s_x{}^2$，x と Y の共分散 s_{xY} をそれぞれ求めると

$$\overline{x} = 27.88, \quad \overline{Y} = 2.47,$$
$$s_x{}^2 = 4.98, \quad s_{xY} = 0.94$$

となる。したがって，x から Y を定める回帰直線の方程式は

$$Y = \frac{0.94}{4.98}(x - 27.88) + 2.47$$

整理すると

$$Y = 0.19x - 2.8$$

(2)の散布図に回帰直線を記入すると，下の図のようになる。

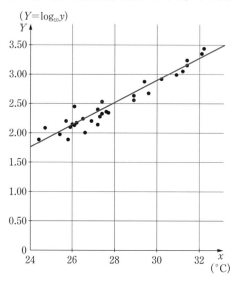

(4) (3)で求めた式より，y を x の指数関数で表すと，$\log_{10} y = 0.19x - 2.8$ であるから

$$y = 10^{0.19x - 2.8}$$

この式に $x = 35$ を代入すると　$y = 10^{3.85} \fallingdotseq 7079$（人）

したがって，暑さ指数が35℃のときの搬送者数は 7079人 と推測できる。

Case4. 感染症の拡大を防げ

問1 (1) 10000人のうち，第1週に発症者と濃厚接触した人は何人か。

(2) (1)のうち，第1週に新たに感染する人は何人か。

解答 (1) $m = 1$ であるから，週ごとに，発症者1人あたり1人の割合で発症者との濃厚接触が生じる。

また，$I_1 = 100$ であるから，第1週の発症者の人数は100人である。

したがって，第1週に発症者と濃厚接触した人は

$$I_1 \times m = 100 \times 1 = 100$$

より，100人 である。

(2) 接触の機会は都市 A の人のすべてに等しくあるから，濃厚接触した人となる可能性はどの人も等しい。発症者は濃厚接触しても発症者のままであり，新たに感染するのは感染可能者が濃厚接触した場合であるから，都市 A の人の感染可能者の割合から濃厚接触した人の人数を求めればよい。

都市 A の人口は 10000 人，第 1 週における感染可能者の人数は $S_1 = 9900$（人）であるから

$$100 \times \frac{S_1}{10000} = 100 \times \frac{9900}{10000} = 99$$

したがって，第 1 週に新たに感染する人は 99 人 である。

教 p.125

問 2 S_{n+1}, I_{n+1} を，S_n, I_n を用いて表すことを考えよう。

(1) 次のような，状況の変化の様子を表した図を考える。図中の S_n から I_{n+1} への矢印は，第 n 週に感染し，第 $(n+1)$ 週から発症者となる人が α 人であることを表している。α を，S_n, I_n を用いて表せ。

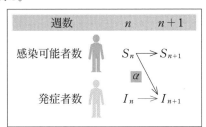

(2) $n \geqq 1$ のとき，S_{n+1}, I_{n+1} を，S_n, I_n を用いた式でそれぞれ表せ。

解 答 (1) 問 1 と同様に考えると，第 n 週の発症者 I_n 人が，発症者 1 人あたり m 人の割合で発症者との濃厚接触が生じ，濃厚接触した感染可能者は必ず感染して次の週から発症者となるから

$$\alpha = I_n \times m \times \frac{S_n}{10000}$$

$m = 1$ であるから

$$\alpha = \frac{S_n I_n}{10000}$$

(2) (1) の図より $\quad S_{n+1} = S_n - \alpha, \ I_{n+1} = I_n + \alpha$

したがって $\quad S_{n+1} = S_n - \dfrac{S_n I_n}{10000}, \ I_{n+1} = I_n + \dfrac{S_n I_n}{10000}$

教 p.126

問3 次のような状況の変化の様子を表した図を用いて，回復者の人数 R_n の推移について考えよう。

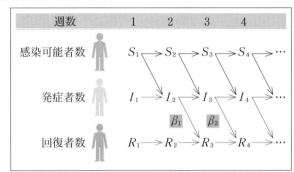

(1) R_2 の値を求めよ。また，I_2 から R_3 への矢印が表す人数 β_1，I_3 から R_4 への矢印が表す人数 β_2 を考えて，R_3，R_4 の値を求めよ。

(2) $n \geqq 3$ のとき，R_{n+1} を，R_n，S_{n-2}，I_{n-2} を用いた式で表せ。

解答 (1) 回復者の人数は，2週間前に発症者となった人数と同じである。

R_2 は第2週の回復者の人数であり，2週間前の第0週に発症者となった人数と考えられるから

$$R_2 = 0$$

また，問3の図より $R_3 = R_2 + \beta_1$，$R_4 = R_3 + \beta_2$

ここで，I_1 は第0週に感染し第1週から発症者となった人数であり，第1週に発症者となった人は第3週には回復するから，β_1 と I_1 は等しい。

よって $\beta_1 = I_1 = 100$

同様に考えると，β_2 は第1週に感染して第2週から発症者となり，第4週に回復した人数であるから，問1の(2)より

$$\beta_2 = 99$$

したがって

$$R_3 = R_2 + \beta_1 = 0 + 100 = 100$$
$$R_4 = R_3 + \beta_2 = 100 + 99 = 199$$

(2) 第 $(n-2)$ 週に感染し，第 $(n-1)$ 週から発症者となった人数と，第 $(n+1)$ 週から回復者となった人数は等しいから，$n \geqq 3$ のとき，感染可能者数，発症者数，回復者数の変化は次の図のように表される。

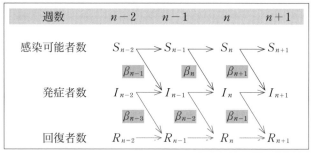

上の図より $R_{n+1} = R_n + \beta_{n-1}$

ここで，β_{n-1} は第 $(n+1)$ 週から回復者となった人数であり，この人数は第 $(n-2)$ 週に感染し，第 $(n-1)$ 週から発症者となった人数に等しい。

問 2 の (1) の考え方を用いると $\beta_{n-1} = I_{n-2} \times m \times \dfrac{S_{n-2}}{10000}$

$m = 1$ であるから $\beta_{n-1} = \dfrac{S_{n-2} I_{n-2}}{10000}$

したがって

$$R_{n+1} = R_n + \beta_{n-1} = R_n + \dfrac{S_{n-2} I_{n-2}}{10000}$$

教 p.126

問 4 問 3 の結果を利用して，$n \geqq 1$ のとき，回復者を含めて考えた場合の S_{n+1}，I_{n+1} を，S_n，I_n，S_{n-2}，I_{n-2}，I_1 を用いた式でそれぞれ表せ。

解 答 $n = 1$ のとき

感染可能者数，発症者数，回復者数の変化は次の図のように表される。

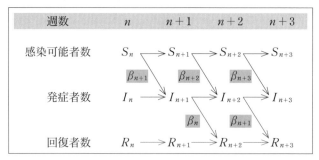

上の図より $S_{n+1} = S_n - \beta_{n+1}$, $I_{n+1} = I_n + \beta_{n+1}$

ここで，問 2 の (1) の考え方を用いると $\beta_{n+1} = I_n \times m \times \dfrac{S_n}{10000}$

$m = 1$ であるから　　$\beta_{n+1} = \dfrac{S_n I_n}{10000}$

したがって

$$S_{n+1} = S_n - \dfrac{S_n I_n}{10000}, \quad I_{n+1} = I_n + \dfrac{S_n I_n}{10000}$$

$n = 2$ のとき

感染可能者数，発症者数，回復者数の変化は次の図のように表される。

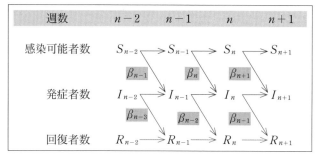

上の図より　　$S_{n+1} = S_n - \beta_{n+1}, \ I_{n+1} = I_n + \beta_{n+1} - \beta_{n-1}$

ここで，問 2 の (1) の考え方を用いると　　$\beta_{n+1} = I_n \times m \times \dfrac{S_n}{10000}$

$m = 1$ であるから　　$\beta_{n+1} = \dfrac{S_n I_n}{10000}$

また，問 3 の (1) より　　$\beta_{n-1} = I_1$

したがって

$$S_{n+1} = S_n - \dfrac{S_n I_n}{10000}, \quad I_{n+1} = I_n + \dfrac{S_n I_n}{10000} - I_1$$

$n \geqq 3$ のとき

感染可能者数，発症者数，回復者数の変化は次の図のように表される。

前ページの図より　　$S_{n+1} = S_n - \beta_{n+1}$, $I_{n+1} = I_n + \beta_{n+1} - \beta_{n-1}$

ここで，問 2 の (1) の考え方を用いると

$$\beta_{n+1} = I_n \times m \times \frac{S_n}{10000}, \quad \beta_{n-1} = I_{n-2} \times m \times \frac{S_{n-2}}{10000}$$

$m = 1$ であるから

$$\beta_{n+1} = \frac{S_n I_n}{10000}, \quad \beta_{n-1} = \frac{S_{n-2} I_{n-2}}{10000}$$

したがって

$$S_{n+1} = S_n - \frac{S_n I_n}{10000}, \quad I_{n+1} = I_n + \frac{S_n I_n}{10000} - \frac{S_{n-2} I_{n-2}}{10000}$$

教 p.126

問5 問 4 の結果と情報機器等を利用して，感染可能者，発症者，回復者の
それぞれの人数の週ごとの推移の様子を，教科書 125 ページのグラフ
と同じようにグラフに表せ。また，初めて $I_n < I_1$ となるのは第何週か。

注意 右の二次元コードからアクセスして，インターネットのコン
テンツを使って，実際にやってみましょう。コンテンツの使
用料は発生しませんが，通信費は自己負担になります。

解答 問 4 までで求めた式をもとに，週数，感染可能者数，発症者数，回復者数
を表にまとめると，次のようになる。

週数 n	1	2	3	4	5	6	7	8	9	10
感染可能者数 S_n	9900	9801	9606	9324	8880	8236	7340	6210	4952	3770
発症者数 I_n	100	199	294	477	726	1088	1540	2026	2388	2440
回復者数 R_n	0	0	100	199	394	676	1120	1764	2660	3790
都市 A の人数	10000	10000	10000	10000	10000	10000	10000	10000	10000	10000

11	12	13	14	15	16	17	18	19	20	21	22
2851	2253	1912	1733	1643	1599	1578	1568	1564	1562	1562	1562
2101	1517	939	520	269	134	65	31	14	6	2	0
5048	6230	7149	7747	8088	8267	8357	8401	8422	8432	8436	8438
10000	10000	10000	10000	10000	10000	10000	10000	10000	10000	10000	10000

このデータをグラフで表すと，次のようになる。

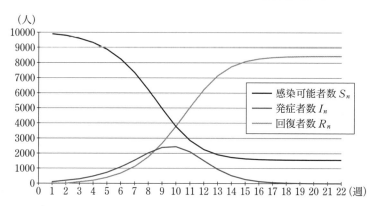

また，初めて $I_n < I_1$ となるのは，第 17 週 である。

課題 1 教科書 124 ページのある感染症の性質と状況 (1) の ④ について，次のように条件を変えた場合を考える。このとき，S_n，I_n の推移の様子は，どのように変化するか。情報機器等を用い，グラフに表して考察せよ。

(1) 都市 A の人が全員，この感染症の予防接種をあらかじめ受けていた。これにより，都市 A において $m = 0.7$ になったとする。

(2) 感染の拡大に応じて，人と人が接触する機会を減らすために，不要不急の外出の自粛が呼びかけられた。これにより，第 5 週から，都市 A において $m = 0.2$ になったとする。

注意 右の二次元コードからアクセスして，インターネットのコンテンツを使って，実際にやってみましょう。コンテンツの使用料は発生しませんが，通信費は自己負担になります。

解答 (1) 問 5 で $m = 1$ としていたところを $m = 0.7$ とし，週数，感染可能者数，発症者数，回復者数を表にまとめると，次のようになる。

週数 n	1	2	3	4	5	6	7	8	9	10
感染可能者数 S_n	9900	9831	9715	9590	9429	9241	9016	8756	8459	8130
発症者数 I_n	100	169	185	241	286	349	413	485	557	626
回復者数 R_n	0	0	100	169	285	410	571	759	984	1244
都市 A の人数	10000	10000	10000	10000	10000	10000	10000	10000	10000	10000

3 章

数学と社会生活

11	12	13	14	15	16	17	18	19	20	21	22
7774	7402	7025	6657	6310	5995	5718	5482	5286	5127	5000	4900
685	728	749	745	715	662	592	513	432	355	286	227
1541	1870	2226	2598	2975	3343	3690	4005	4282	4518	4714	4873
10000	10000	10000	10000	10000	10000	10000	10000	10000	10000	10000	10000

このデータをグラフで表すと，次のようになる。

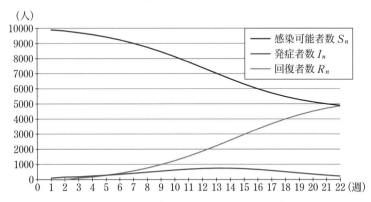

(参考のため，回復者数 R_n のグラフもかき入れている。)

(2) 問 5 で $m = 1$ としていたところを，$n \leqq 4$ では $m = 1$，$n \geqq 5$ では $m = 0.2$ とし，週数，感染可能者数，発症者数，回復者数を表にまとめると，次のようになる。

週数 n	1	2	3	4	5	6	7	8	9	10
感染可能者数 S_n	9900	9801	9606	9324	8880	8752	8652	8613	8590	8580
発症者数 I_n	100	199	294	477	726	572	228	139	62	33
回復者数 R_n	0	0	100	199	394	676	1120	1248	1348	1387
都市 A の人数	10000	10000	10000	10000	10000	10000	10000	10000	10000	10000

11	12	13	14	15	16	17	18	19	20	21	22
8575	8573	8572	8572	8572	8572	8572	8572	8572	8572	8572	8572
15	7	3	1	0	0	0	0	0	0	0	0
1410	1420	1425	1427	1428	1428	1428	1428	1428	1428	1428	1428
10000	10000	10000	10000	10000	10000	10000	10000	10000	10000	10000	10000

このデータをグラフで表すと，次のようになる。

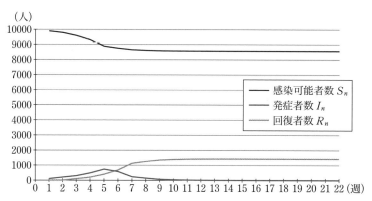

（参考のため，回復者数 R_n のグラフもかき入れている。）

教 p.127

課題 2　教科書 126 ページのある感染症の性質と状況 (2) の ⑤ について，次のように条件を変えた場合を考える。このとき，S_n，I_n の推移を表す漸化式をつくり，情報機器等を用いて変化の様子をグラフに表せ。

> ⑤感染症から回復するまでの期間は，個人や医療の状況によって様々であるため，ここでは，第 n 週の発症者 I_n のうち一定の割合 $\rho = 0.2$ が，第 $(n+1)$ 週に回復者になるとする。

解 答　$n \geqq 1$ のとき

感染可能者数，発症者数，回復者数の変化は次の図のように表される。

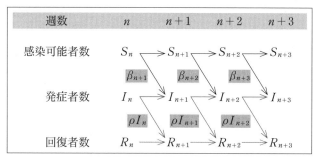

上の図より

$$S_{n+1} = S_n - \beta_{n+1}, \quad I_{n+1} = I_n + \beta_{n+1} - \rho I_n = (1-\rho)I_n + \beta_{n+1}$$

ここで，問 2 の (1) の考え方を用いると

$$\beta_{n+1} = I_n \times m \times \frac{S_n}{10000}$$

3 章

数学と社会生活

$m = 1$ であるから

$$\beta_{n+1} = \frac{S_n I_n}{10000}$$

$\rho = 0.2$ であるから

$$S_{n+1} = S_n - \frac{S_n I_n}{10000}, \quad I_{n+1} = 0.8 I_n + \frac{S_n I_n}{10000}$$

これらの漸化式をもとに，週数，感染可能者数，発症者数，回復者数を表にまとめると，次のようになる。

週数 n	1	2	3	4	5	6	7	8	9	10
感染可能者数 S_n	9900	9801	9626	9320	8799	7947	6655	4929	3056	1555
発症者数 I_n	100	179	318	560	969	1627	2594	3801	4914	5432
回復者数 R_n	0	20	56	120	232	426	751	1270	2030	3013
都市 A の人数	10000	10000	10000	10000	10000	10000	10000	10000	10000	10000

11	12	13	14	15	16	17	18	19	20	21	22
711	342	188	118	82	62	50	42	37	34	32	30
5190	4521	3771	3087	2506	2025	1632	1314	1056	848	680	546
4099	5137	6041	6795	7412	7913	8318	8644	8907	9118	9288	9424
10000	10000	10000	10000	10000	10000	10000	10000	10000	10000	10000	10000

このデータをグラフで表すと，次のようになる。

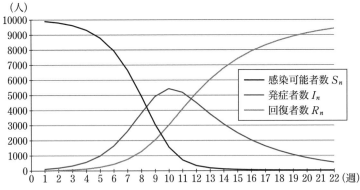

(参考のため，回復者数 R_n のグラフもかき入れている。)

参考 | 移動平均 | 教 p.128

===用語のまとめ===

移動平均
- ある時点のデータの値として，その時点を含む一定期間のデータの平均値を用いる方法を 移動平均 という。

Case5. 見当のつかない数量を見積もる

===用語のまとめ===

フェルミ推定
- 厳密な解を得ることが難しく，直感的に捉えることも難しい非常に大きい数量や小さい数量を，いくつかの手がかりと論理的な推論をもとに短時間で見積もることを，フェルミ推定とよぶことがある。

● 見当のつかない数量を見積もるときの手順 ·········· 解き方のポイント

① 数量 k の大きさを決める最も重要な要素は，k の桁数である。そして，次に重要な要素は k の最高位の数字 m である。
   よって，計算を簡単にするために，用いる数量は有効数字を1桁として，$k = m \times 10^n$ の形で表す。
② 見当のつかない数量 l のとり得る値について，おおよその最小値と最大値を仮定する。さらに，桁数を意識して，仮定した最小値と最大値の相乗平均を手がかりに l の値を見積もる。

教 p.130

問1　身の回りの数量を見積もってみよう。
　(1)　あなたが住んでいる都道府県，または市区町村の人口 k を見積もり，$k = m \times 10^n$ の形で表せ。また，実際の数値を調べよ。
　(2)　(1)で見積もった値を用いて，その範囲に住んでいる人が所有している本の冊数の合計を見積もれ。

3章

数学と社会生活

解答 (1) 例として，東京都北区の人口を見積もってみよう。

東京都は 47 都道府県の一つであり，日本の人口は 1×10^8 人と表せる。

東京都の人口は，日本の人口の 50% もないが，少なくとも 1% は超えていると仮定すると，その相乗平均は

$$\sqrt{0.5 \times 0.01} \fallingdotseq 7 \times 10^{-2}$$

したがって，東京都の人口を

$$1 \times 10^8 \times 7 \times 10^{-2} = 7 \times 10^6 \text{（人）}$$

と見積もる。

北区の人口は東京都の人口の 10% もないが，少なくとも 1% は超えていると仮定すると，その相乗平均は

$$\sqrt{0.1 \times 0.01} = 3 \times 10^{-2}$$

したがって，北区の人口を

$$7 \times 10^6 \times 3 \times 10^{-2} \fallingdotseq 2 \times 10^5 \text{（人）}$$

すなわち，北区の人口を 20 万人と見積もる。

実際の東京都北区の人口は 33 万人である。（令和 3 年 1 月 1 日　住民基本台帳）

(2) 一般的な 1 人が所有している本の冊数の最小値を 10 冊，最大値を 1000 冊と仮定すると，その相乗平均は

$$\sqrt{10 \times 1000} = 100 = 10^2$$

したがって

$$2 \times 10^5 \times 10^2 = 2 \times 10^7 \text{（冊）}$$

すなわち，東京都北区に住んでいる人が所有している本の冊数の合計を 2000 万冊と見積もる。

教 p.131

課題 1　次の数量を見積もってみよう。また，その求め方や結果をほかの人と比べ，よりよい見積もりを考えてみよう。
　(1)　日本で 1 年間に出される家庭ゴミの総重量
　(2)　一度に 10 万人が参加するイベントに必要な仮設トイレの個数

解答 (1) 一般的な 1 人が 1 週間に出すゴミを，ゴミ袋を単位に考えてみよう。

1 人が 1 週間に出すゴミ袋の数の最小値を 1 袋，最大値を 7 袋（1 日 1 袋）と仮定すると，その相乗平均から 1 週間に出すゴミ袋の数を

$$\sqrt{1 \times 7} \fallingdotseq 3 \text{（袋）}$$

と見積もる。

ゴミ袋 1 袋の重さの最小値を 1kg，最大値を 10kg と仮定すると，その相乗平均から，ゴミ袋 1 袋の重さを

$$\sqrt{1 \times 10} \fallingdotseq 3 \; (\text{kg})$$

と見積もる。

日本の人口は 1×10^8 人であり，1 年は 52 週であるから

$$3 \times 3 \times 1 \times 10^8 \times 52 \fallingdotseq 5 \times 10^{10} \; (\text{kg})$$

すなわち，日本で 1 年間に出される家庭ゴミの総重量を，5 千万トンと見積もる。

(2) 一般的な人が 1 日にトイレに入る回数の最小値を 2 回，最大値を 20 回と仮定すると，その相乗平均から，1 日にトイレに入る回数を

$$\sqrt{2 \times 20} \fallingdotseq 6 \; (\text{回})$$

と見積もる。

1 回あたりのトイレの時間の最小値を 1 分，最大値を 20 分と仮定すると，その相乗平均から，1 回あたりのトイレの時間を

$$\sqrt{1 \times 20} \fallingdotseq 4 \; (\text{分})$$

と見積もる。

ここで，トイレに行くタイミングは，起きている時間のうち無作為であると考える。

1 日に起きている時間を 17 時間と仮定すると，10 万人（10^5 人）のうち，ある瞬間にトイレに行く人の数は

$$10^5 \times \frac{6 \times 4}{17 \times 60} \fallingdotseq 10^5 \times 2 \times 10^{-2} = 2 \times 10^3 \; (\text{人})$$

したがって，2×10^3 人分の仮設トイレ，すなわち，仮設トイレは少なくとも 2000 個は必要と見積もる。

参考

次元解析

用語のまとめ

次元解析

- 比較できない量がいくつかあるとき，それらは異なる **次元** をもつという。比較できる量は，同じ次元をもつという。
- 次元を用いて複数の量の関係を導くことを **次元解析** という。

問1 質量と速度の積を運動量という。運動量の変化の時間に対する割合を「力」という。力の次元を，L，T，M を用いて表せ。

解答 質量と速度の積が運動量であるから，運動量 m の次元は

$$[m] = [\mathrm{M}][v] = \mathrm{MLT}^{-1}$$

力 F は m の変化の時間に対する割合であるから

$$[F] = \frac{\mathrm{MLT}^{-1}}{\mathrm{T}}$$

すなわち $[F] = \mathrm{MLT}^{-2}$

問2 例2と同様に，落下距離 h を落下速度 v と重力加速度 g を用いて表せ。

解答 h を v，g を用いて表したいから

$$[h] = [v]^{\alpha}[g]^{\beta} \quad \cdots\cdots ①$$

とおく。h，v，g の次元はそれぞれ L，LT^{-1}，LT^{-2}

であるから，① は

$$\mathrm{L} = (\mathrm{LT}^{-1})^{\alpha}(\mathrm{LT}^{-2})^{\beta}$$

すなわち $\mathrm{L} = \mathrm{L}^{\alpha+\beta}\mathrm{T}^{-(\alpha+2\beta)}$

と表される。

左辺と右辺の L，T の指数をそれぞれ比較して

$$1 = \alpha+\beta, \quad 0 = -(\alpha+2\beta)$$

これを解くと $\alpha = 2$，$\beta = -1$

これらを ① に代入すると $[h] = [v]^2[g]^{-1}$

したがって，h は $\dfrac{v^2}{g}$ に比例することが分かり，a を定数として $h = a \cdot \dfrac{v^2}{g}$

と表すことができる。

問3 長さ l のひもの先に質量 m のおもりを付けた振り子が，重力加速度 g のみに従って振れるとき，振り子の周期 p を l, m, g を用いて表せ。

解答 p を l, m, g を用いて表したいから

$$[p] = [l]^\alpha [m]^\beta [g]^\gamma \quad \cdots\cdots ①$$

とおく。p, l, m, g の次元はそれぞれ T，L，M，LT^{-2} であるから，① は

$$T = L^\alpha M^\beta (LT^{-2})^\gamma$$

すなわち $\quad T = L^{\alpha+\gamma} M^\beta T^{-2\gamma}$

と表される。

左辺と右辺の L，T，M の指数をそれぞれ比較して

$$0 = \alpha + \gamma, \ 0 = \beta, \ 1 = -2\gamma$$

これを解くと $\quad \alpha = \dfrac{1}{2}, \ \beta = 0, \ \gamma = -\dfrac{1}{2}$

これらを ① に代入すると $\quad [p] = [l]^{\frac{1}{2}} [g]^{-\frac{1}{2}}$

したがって，p は $\sqrt{\dfrac{l}{g}}$ に比例することが分かり，a を定数として

$p = a\sqrt{\dfrac{l}{g}}$ と表すことができる。

また，おもりの質量 m は振り子の周期 p に影響しないことが分かる。

練 習 問 題

解答 （省略）

巻末

問1　平面上に n 個の円があり，どの2つの円も異なる2点で交わり，また，どの3つの円も同一の点で交わっていない。このとき，これらの円の交点の総数を求めよ。

考え方　n 個の円によってできる交点の個数を a_n とし，数列 $\{a_n\}$ についての漸化式をつくる。円が1個増えると交点が何個増えるかを考える。

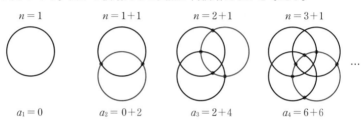

$n=1$　　　　$n=1+1$　　　　$n=2+1$　　　　$n=3+1$

$a_1=0$　　　$a_2=0+2$　　　$a_3=2+4$　　　$a_4=6+6$

解答　n 個の円によってできる交点の個数を a_n とする。

$n=1$ のとき，円は1個であるから，交点は0個である。

すなわち

$$a_1 = 0$$

問題の条件を満たす n 個の円に加えて，さらに $(n+1)$ 個目の円をかくと，この $(n+1)$ 個目の円は，もとからある n 個の円それぞれと2個の交点をもつから，交点の総数は $2n$ 個だけ増加する。

したがって　　$a_{n+1} = a_n + 2n$ ……①

数列 $\{a_n\}$ の階差数列を $\{b_n\}$ とすると，① より

$$b_n = a_{n+1} - a_n = 2n$$

したがって，$n \geqq 2$ のとき

$$a_n = a_1 + \sum_{k=1}^{n-1} 2k = 0 + 2\sum_{k=1}^{n-1} k = 2 \cdot \frac{1}{2}(n-1)n = n(n-1)$$

$a_1 = 0$ であるから，$a_n = n(n-1)$ は $n=1$ のときも成り立つ。

したがって，n 個の円によってできる交点の総数は $n(n-1)$ 個である。

問2　次のように定められた数列 $\{a_n\}$ の一般項を求めよ。

$$a_1 = 1, \quad a_{n+1} = \frac{a_n - 4}{a_n - 3} \quad (n = 1, 2, 3, \cdots)$$

考え方　まず，a_1 と漸化式から a_2, a_3, a_4 を求めて，その規則性から a_n を推測し，この推測が正しいことを，数学的帰納法を用いて証明する。

解　答　与えられた条件より

$$a_2 = \frac{1-4}{1-3} = \frac{3}{2}$$

$$a_3 = \frac{\dfrac{3}{2}-4}{\dfrac{3}{2}-3} = \frac{5}{3}$$

$$a_4 = \frac{\dfrac{5}{3}-4}{\dfrac{5}{3}-3} = \frac{7}{4}$$

よって，一般項は　　$a_n = \dfrac{2n-1}{n}$　……①

となると推測できる。

この推測が正しいことを，数学的帰納法を用いて証明する。

〔1〕$n=1$ のときは，$a_1=1$ となり ① は成り立つ。

〔2〕$n=k$ のとき ① が成り立つ，すなわち

$$a_k = \frac{2k-1}{k}$$

と仮定する。

$n=k+1$ のとき，与えられた漸化式より

$$a_{k+1} = \frac{a_k-4}{a_k-3}$$

$$= \frac{\dfrac{2k-1}{k}-4}{\dfrac{2k-1}{k}-3}$$

$$= \frac{(2k-1)-4k}{(2k-1)-3k}$$

$$= \frac{2k+1}{k+1}$$

$$= \frac{2(k+1)-1}{k+1}$$

　　したがって，① は $n=k+1$ のときにも成り立つ。

〔1〕，〔2〕より，すべての自然数 n について ① が成り立つ。

したがって，求める一般項は

$$a_n = \frac{2n-1}{n}$$

演 習 問 題　　　　　　　　　　教 p.140

1章 ｜ 数列　　　　　　　　　　　　教 p.140

1 10 以上 100 以下で，分母を 5 とする既約分数の和を求めよ。

考え方 10 以上 100 以下で分母が 5 の分数は，$\dfrac{50}{5}$, $\dfrac{51}{5}$, $\dfrac{52}{5}$, …, $\dfrac{499}{5}$, $\dfrac{500}{5}$ である。これらの和から，既約分数でない項の和を引いて求める。

解答 10 以上 100 以下で分母を 5 とする分数を書き並べると

$$10 = \frac{50}{5}, \frac{51}{5}, \frac{52}{5}, \cdots, \frac{499}{5}, \frac{500}{5} = 100$$

これは，初項 10，公差 $\dfrac{1}{5}$，末項 100 の等差数列である。

この数列の項数は，$500 - 50 + 1 = 451$ であるから，その和を S とすると

$$S = \frac{451(10 + 100)}{2} = 24805$$

次に，上の数列で既約分数でない項を書き並べると

$$\frac{50}{5}, \frac{55}{5}, \frac{60}{5}, \cdots, \frac{495}{5}, \frac{500}{5}$$

すなわち　10, 11, 12, …, 99, 100

となり，これは，初項 10，公差 1，末項 100，項数 91 の等差数列である。その和を T とすると

$$T = \frac{91(10 + 100)}{2} = 5005$$

したがって，求める既約分数の和は

$$S - T = 24805 - 5005 = 19800$$

2 等比数列 $\{a_n\}$ の初項から第 n 項までの和を S_n とする。$S_{10} = 12$，$S_{20} = 18$ のとき，S_{30} を求めよ。

考え方 初項を a，公比を r とし，$S_{10} = 12$，$S_{20} = 18$ から，a, r の関係を求めて $S_{30} = \dfrac{a(1 - r^{30})}{1 - r}$ に代入する。

解答 初項を a，公比を r とする。

$r = 1$ のとき

$\qquad S_{10} = 12$ より　$10a = 12$

$\qquad S_{20} = 18$ より　$20a = 18$

これらを同時に満たす a は存在しない。

よって，$r \neq 1$ であるから

$S_{10} = 12$ より $\quad \dfrac{a(1-r^{10})}{1-r} = 12 \quad \cdots\cdots$ ①

$S_{20} = 18$ より $\quad \dfrac{a(1-r^{20})}{1-r} = 18 \quad \cdots\cdots$ ②

② より $\quad \dfrac{a(1-r^{10})(1+r^{10})}{1-r} = 18$

これに ① を代入して $\quad 12(1+r^{10}) = 18$

$$r^{10} = \frac{1}{2} \quad \cdots\cdots ③$$

$$
S_{30} = \frac{a(1-r^{30})}{1-r} \\
= \frac{a(1-r^{10})(1+r^{10}+r^{20})}{1-r}
$$

$\left.\begin{array}{l} \\ \\ \end{array}\right)$ $\begin{array}{l} 1-r^{30} = 1-(r^{10})^3 \\ = (1-r^{10})\{1+r^{10}+(r^{10})^2\} \end{array}$

であるから，①，③ を代入して

$$S_{30} = 12\left\{1+\frac{1}{2}+\left(\frac{1}{2}\right)^2\right\} = 21$$

---

3 右のように自然数を並べる。横の並び
を行，縦の並びを列とよぶことにする。
例えば，第2行，第3列の数は8であ
る。このとき，次の問に答えよ。

(1) 第1行，第 k 列の数を求めよ。

(2) 第 k 行，第 $2k$ 列の数を求めよ。

行＼列	1	2	3	4	5	⋯
1	1	2	4	7	11	⋯
2	3	5	8	12	⋯	
3	6	9	13	⋯		
4	10	14	⋯			
5	15	⋯				
⋯	⋯					

考え方 (1) 行と列に並ぶ自然数を

第1群…1，第2群…2 と 3，第3群…4 と 5 と 6，⋯⋯

のように群に分けて考える。

(2) 第 k 行，第 $2k$ 列の自然数が，どの群にあり，その群の中の何番目に
並んでいるかを考える。

解 答 右の図のように群に分けて考える。

(1) 求める数は第 k 群の最初の数
となる。第 k 群の項の個数は
k であるから，$k \geqq 2$ のとき，
第1群から第 $(k-1)$ 群まで
に含まれる項の個数は

$$\sum_{j=1}^{k-1} j = \frac{1}{2}(k-1)k$$

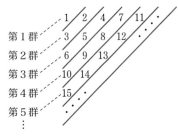

したがって，第 k 群の最初の数は

$$\frac{1}{2}(k-1)k+1 = \frac{1}{2}(k^2-k+2)$$

これは，$k=1$ のときも成り立つ。

(2) 第 m 行，第 n 列の数は，第 $(m+n-1)$ 群にあり，この群の中の m 番目に並んでいる。

したがって，第 k 行，第 $2k$ 列の数は，第 $(k+2k-1)$ 群，すなわち第 $(3k-1)$ 群にあり，この群の中の k 番目に並んでいる。

よって，求める数は (1) より

$$\frac{1}{2}\{(3k-1)^2-(3k-1)+2\}+(k-1) = \frac{1}{2}(9k^2-7k+2)$$

---

4 次の問に答えよ。

(1) $f(x)=6x^5-15x^4+10x^3$ とするとき，$f(k+1)-f(k)$ を計算せよ。

(2) $1^4+2^4+3^4+\cdots+n^4$ を求めよ。

考え方 (1) $f(k+1)$ の計算は，次の二項定理を用いて展開する。

$$(p+q)^n = {}_nC_0p^n + {}_nC_1p^{n-1}q + \cdots + {}_nC_rp^{n-r}q^r + \cdots + {}_nC_nq^n$$

(2) (1)で求めた等式の k に 1，2，3，$\cdots$，n を代入した n 個の等式をつくり，これら n 個の等式の辺々を加える。

解答 (1) $f(k+1)-f(k)$

$$= \{6(k+1)^5-15(k+1)^4+10(k+1)^3\}-(6k^5-15k^4+10k^3)$$

$$= 6(k^5+5k^4+10k^3+10k^2+5k+1)-15(k^4+4k^3+6k^2+4k+1)$$
$$\quad +10(k^3+3k^2+3k+1)-(6k^5-15k^4+10k^3)$$

$$= 30k^4+1$$

(2) (1) より　$f(k+1)-f(k)=30k^4+1$

$k=1$ とすると　　　$f(2)-f(1)=30\cdot1^4+1$

$k=2$ とすると　　　$f(3)-f(2)=30\cdot2^4+1$

$k=3$ とすると　　　$f(4)-f(3)=30\cdot3^4+1$

$$\cdots\cdots\cdots\cdots$$

$k=n-1$ とすると　$f(n)-f(n-1)=30\cdot(n-1)^4+1$

$k=n$ とすると　　　$f(n+1)-f(n)=30\cdot n^4+1$

これら n 個の等式の辺々を加えると

$$f(n+1)-f(1)=30\sum_{k=1}^{n}k^4+n$$

よって

$$30\sum_{k-1}^{n} k^4 = f(n+1) - f(1) - n$$

$$= 6(n+1)^5 - 15(n+1)^4 + 10(n+1)^3 - 1 - n$$

$$= (n+1)\{6(n+1)^4 - 15(n+1)^3 + 10(n+1)^2 - 1\}$$

$$= (n+1)\{6(n^4 + 4n^3 + 6n^2 + 4n + 1)$$

$$\qquad - 15(n^3 + 3n^2 + 3n + 1) + 10(n^2 + 2n + 1) - 1\}$$

$$= (n+1)(6n^4 + 9n^3 + n^2 - n)$$

$$= n(n+1)(6n^3 + 9n^2 + n - 1)$$

$$= n(n+1)(2n+1)(3n^2 + 3n - 1)$$

したがって

$$
\begin{array}{r}
-\dfrac{1}{2}\,\big|\;6\quad 9\quad 1\;-1 \\
\phantom{-\dfrac{1}{2}}\big)\;+)\quad -3\,-3\quad 1 \\
\hline
6\quad 6\,-2\quad 0
\end{array}
$$

$6n^3 + 9n^2 + n - 1$
の因数分解には
組立除法を使う。

$$1^4 + 2^4 + 3^4 + \cdots + n^4 = \sum_{k=1}^{n} k^4$$

$$= \frac{1}{30} n(n+1)(2n+1)(3n^2 + 3n - 1)$$

---

5 $a_1 = 3,\ a_{n+1} = 5a_n + 2\cdot 3^n\ (n = 1,\ 2,\ 3,\ \cdots)$ で定められた数列 $\{a_n\}$ がある。

(1) $b_n = \dfrac{a_n}{3^n}$ とおくとき, b_{n+1} を b_n の式で表せ。

(2) 数列 $\{a_n\}$ の一般項を求めよ。

考え方 (1) $b_{n+1} = \dfrac{a_{n+1}}{3^{n+1}}$ である。

(2) (1)で求めた漸化式を, $b_{n+1} - \alpha = p(b_n - \alpha)$ の形に変形する。

解答 (1) $a_{n+1} = 5a_n + 2\cdot 3^n$ の両辺を 3^{n+1} で割ると

$$\frac{a_{n+1}}{3^{n+1}} = \frac{5}{3}\cdot\frac{a_n}{3^n} + \frac{2}{3}$$

したがって $b_{n+1} = \dfrac{5}{3}b_n + \dfrac{2}{3}$ ……①

(2) (1)で求めた漸化式①は, $\alpha = \dfrac{5}{3}\alpha + \dfrac{2}{3}$ を満たす解 $\alpha = -1$ を用いて, 次のように変形される。

$$b_{n+1} + 1 = \frac{5}{3}(b_n + 1)$$

よって, 数列 $\{b_n + 1\}$ は

初項 $b_1 + 1 = \dfrac{a_1}{3^1} + 1 = \dfrac{3}{3} + 1 = 2$, 公比 $\dfrac{5}{3}$

の等比数列であるから

$$b_n + 1 = 2\cdot\left(\frac{5}{3}\right)^{n-1}$$

すなわち $\qquad b_n = 2 \cdot \left(\dfrac{5}{3}\right)^{n-1} - 1$

ゆえに $\qquad a_n = 3^n \left\{ 2 \cdot \left(\dfrac{5}{3}\right)^{n-1} - 1 \right\} = 6 \cdot 5^{n-1} - 3^n$

別解 漸化式 $a_{n+1} = 5a_n + 2 \cdot 3^n$ の両辺を 5^{n+1} で割ると

$$\dfrac{a_{n+1}}{5^{n+1}} = \dfrac{5a_n}{5^{n+1}} + \dfrac{2 \cdot 3^n}{5^{n+1}}$$

$$= \dfrac{a_n}{5^n} + \dfrac{2}{5} \cdot \left(\dfrac{3}{5}\right)^n$$

$b_n = \dfrac{a_n}{5^n}$ とおくと $\qquad b_{n+1} - b_n = \dfrac{2}{5} \cdot \left(\dfrac{3}{5}\right)^n$

$n \geqq 2$ のとき,$b_1 = \dfrac{a_1}{5^1} = \dfrac{3}{5}$ であるから

$$b_n = \dfrac{3}{5} + \sum_{k=1}^{n-1} \dfrac{2}{5} \cdot \left(\dfrac{3}{5}\right)^k$$

$$= \dfrac{3}{5} + \dfrac{2}{5} \sum_{k=1}^{n-1} \left(\dfrac{3}{5}\right)^k \qquad \longleftarrow \left(\dfrac{3}{5}\right)^k = \dfrac{3}{5} \cdot \left(\dfrac{3}{5}\right)^{k-1} \text{ であるから,}$$

$$= \dfrac{3}{5} + \dfrac{2}{5} \cdot \dfrac{3}{5} \cdot \dfrac{1 - \left(\dfrac{3}{5}\right)^{n-1}}{1 - \dfrac{3}{5}} \qquad \sum_{k=1}^{n-1}\left(\dfrac{3}{5}\right)^k \text{ は,初項 } \dfrac{3}{5}, \text{ 公比 } \dfrac{3}{5},$$

$$\qquad\qquad\qquad\qquad\qquad\qquad \text{項数 } n-1 \text{ の等比数列の和であ}$$

$$= \dfrac{3}{5} + \dfrac{3}{5}\left\{ 1 - \left(\dfrac{3}{5}\right)^{n-1} \right\} \qquad \text{る。}$$

$$= \dfrac{6}{5} - \left(\dfrac{3}{5}\right)^n$$

$b_1 = \dfrac{3}{5}$ であるから,$b_n = \dfrac{6}{5} - \left(\dfrac{3}{5}\right)^n$ は $n = 1$ のときも成り立つ。

したがって,一般項は $\qquad a_n = 5^n \cdot b_n = 6 \cdot 5^{n-1} - 3^n$

---

6 n を自然数とする。$(1 + \sqrt{2})^n = a_n + b_n\sqrt{2}$ を満たす整数 a_n,b_n について,次の問に答えよ。

(1) a_{n+1},b_{n+1} を a_n,b_n の式で表せ。

(2) $(1 - \sqrt{2})^n = a_n - b_n\sqrt{2}$ が成り立つことを証明せよ。

考え方 (1) $(1 + \sqrt{2})^{n+1}$ は,次のように 2 通りに表すことができる。

$$(1 + \sqrt{2})^{n+1} = a_{n+1} + b_{n+1}\sqrt{2}$$
$$(1 + \sqrt{2})^{n+1} = (1 + \sqrt{2})^n(1 + \sqrt{2}) = (a_n + b_n\sqrt{2})(1 + \sqrt{2})$$

(2) 数学的帰納法を用いて証明する。$n = 1$ のときは,与えられた関係式から a_1,b_1 を求める。$n = k$ のとき成り立つと仮定して,$n = k+1$ のときも成り立つことを示すときには,(1)の結果を利用する。

解答 (1) $\qquad (1+\sqrt{2})^n = a_n + b_n\sqrt{2} \qquad\qquad \cdots\cdots$ ①

① において，n を $n+1$ に置き換えると

$\qquad (1+\sqrt{2})^{n+1} = a_{n+1} + b_{n+1}\sqrt{2} \qquad\qquad \cdots\cdots$ ②

また，① より

$$
\begin{aligned}
(1+\sqrt{2})^{n+1} &= (1+\sqrt{2})^n(1+\sqrt{2}) \\
&= (a_n + b_n\sqrt{2})(1+\sqrt{2}) \\
&= (a_n + 2b_n) + (a_n + b_n)\sqrt{2} \qquad \cdots\cdots ③
\end{aligned}
$$

$a_{n+1},\ b_{n+1},\ a_n + 2b_n,\ a_n + b_n$ は整数であるから

②，③ より

$\qquad a_{n+1} = a_n + 2b_n,\ b_{n+1} = a_n + b_n$

(2) $\qquad (1-\sqrt{2})^n = a_n - b_n\sqrt{2} \qquad\qquad \cdots\cdots$ ④

とする。

数学的帰納法を用いて証明する。

〔1〕$n=1$ のとき

$\qquad$(左辺) $= 1 - \sqrt{2}$, $\qquad$(右辺) $= a_1 - b_1\sqrt{2}$

ここで，④ において $n=1$ とすると

$\qquad 1 + \sqrt{2} = a_1 + b_1\sqrt{2}$

であるから $\quad a_1 = 1,\ b_1 = 1$

よって $\qquad$ (右辺) $= 1 - \sqrt{2}$

ゆえに，④ は $n=1$ のとき成り立つ。

〔2〕$n=k$ のとき ④ が成り立つ，すなわち

$\qquad (1-\sqrt{2})^k = a_k - b_k\sqrt{2}$

と仮定する。

$n=k+1$ のとき

$$
\begin{aligned}
(1-\sqrt{2})^{k+1} &= (1-\sqrt{2})^k(1-\sqrt{2}) \\
&= (a_k - b_k\sqrt{2})(1-\sqrt{2}) \\
&= (a_k + 2b_k) - (a_k + b_k)\sqrt{2}
\end{aligned}
$$

(1)の結果より，$a_{k+1} = a_k + 2b_k,\ b_{k+1} = a_k + b_k$ であるから

$\qquad (1-\sqrt{2})^{k+1} = a_{k+1} - b_{k+1}\sqrt{2}$

よって，④ は $n=k+1$ のときにも成り立つ。

〔1〕，〔2〕より，すべての自然数 n について ④ が成り立つ。

巻末

168

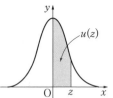

正規分布表

z	.00	.01	.02	.03	.04	.05	.06	.07	.08	.09
0.0	.00000	.00399	.00798	.01197	.01595	.01994	.02392	.02790	.03188	.03586
0.1	.03983	.04380	.04776	.05172	.05567	.05962	.06356	.06749	.07142	.07535
0.2	.07926	.08317	.08706	.09095	.09483	.09871	.10257	.10642	.11026	.11409
0.3	.11791	.12172	.12552	.12930	.13307	.13683	.14058	.14431	.14803	.15173
0.4	.15542	.15910	.16276	.16640	.17003	.17364	.17724	.18082	.18439	.18793
0.5	.19146	.19497	.19847	.20194	.20540	.20884	.21226	.21566	.21904	.22240
0.6	.22575	.22907	.23237	.23565	.23891	.24215	.24537	.24857	.25175	.25490
0.7	.25804	.26115	.26424	.26730	.27035	.27337	.27637	.27935	.28230	.28524
0.8	.28814	.29103	.29389	.29673	.29955	.30234	.30511	.30785	.31057	.31327
0.9	.31594	.31859	.32121	.32381	.32639	.32894	.33147	.33398	.33646	.33891
1.0	.34134	.34375	.34614	.34850	.35083	.35314	.35543	.35769	.35993	.36214
1.1	.36433	.36650	.36864	.37076	.37286	.37493	.37698	.37900	.38100	.38298
1.2	.38493	.38686	.38877	.39065	.39251	.39435	.39617	.39796	.39973	.40147
1.3	.40320	.40490	.40658	.40824	.40988	.41149	.41309	.41466	.41621	.41774
1.4	.41924	.42073	.42220	.42364	.42507	.42647	.42786	.42922	.43056	.43189
1.5	.43319	.43448	.43574	.43699	.43822	.43943	.44062	.44179	.44295	.44408
1.6	.44520	.44630	.44738	.44845	.44950	.45053	.45154	.45254	.45352	.45449
1.7	.45543	.45637	.45728	.45818	.45907	.45994	.46080	.46164	.46246	.46327
1.8	.46407	.46485	.46562	.46638	.46712	.46784	.46856	.46926	.46995	.47062
1.9	.47128	.47193	.47257	.47320	.47381	.47441	.47500	.47558	.47615	.47670
2.0	.47725	.47778	.47831	.47882	.47932	.47982	.48030	.48077	.48124	.48169
2.1	.48214	.48257	.48300	.48341	.48382	.48422	.48461	.48500	.48537	.48574
2.2	.48610	.48645	.48679	.48713	.48745	.48778	.48809	.48840	.48870	.48899
2.3	.48928	.48956	.48983	.49010	.49036	.49061	.49086	.49111	.49134	.49158
2.4	.49180	.49202	.49224	.49245	.49266	.49286	.49305	.49324	.49343	.49361
2.5	.49379	.49396	.49413	.49430	.49446	.49461	.49477	.49492	.49506	.49520
2.6	.49534	.49547	.49560	.49573	.49585	.49598	.49609	.49621	.49632	.49643
2.7	.49653	.49664	.49674	.49683	.49693	.49702	.49711	.49720	.49728	.49736
2.8	.49744	.49752	.49760	.49767	.49774	.49781	.49788	.49795	.49801	.49807
2.9	.49813	.49819	.49825	.49831	.49836	.49841	.49846	.49851	.49856	.49861
3.0	.49865	.49869	.49874	.49878	.49882	.49886	.49889	.49893	.49897	.49900
3.1	.49903	.49906	.49910	.49913	.49916	.49918	.49921	.49924	.49926	.49929
3.2	.49931	.49934	.49936	.49938	.49940	.49942	.49944	.49946	.49948	.49950
3.3	.49952	.49953	.49955	.49957	.49958	.49960	.49961	.49962	.49964	.49965
3.4	.49966	.49968	.49969	.49970	.49971	.49972	.49973	.49974	.49975	.49976
3.5	.49977	.49978	.49978	.49979	.49980	.49981	.49981	.49982	.49983	.49983
3.6	.49984	.49985	.49985	.49986	.49986	.49987	.49987	.49988	.49988	.49989
3.7	.49989	.49990	.49990	.49990	.49991	.49991	.49992	.49992	.49992	.49992
3.8	.49993	.49993	.49993	.49994	.49994	.49994	.49994	.49995	.49995	.49995
3.9	.49995	.49995	.49996	.49996	.49996	.49996	.49996	.49996	.49997	.49997